人間を恐れず都市部を歩く
新世代が急増中！

アーバン熊の脅威

別冊宝島編集部 編

宝島社

はじめに

「本気でヤバいんじゃないのか……」

そう思わせるほど、2023年の春から秋にかけ、熊被害が増大したことが大きな話題となってきた。それも住宅地に出没し、人間を恐れない「アーバン熊」と呼ばれるタイプの熊が原因だった。そうした背景から過去の熊被害を含めて一冊の本にまとめることになった。

熊についてあれこれと調査すればするほど、冗談抜きで現在の日本の状況は「きわめて危険ではないのか」という結論が出てくる。

まず驚いたのが、アジア全域に広く生息するツキノワグマだが、日本以外の全生息数よりも日本の本州における生息数のほうが多いのだ。これは北海道のヒグマにも当てはまり、ユーラシア大陸から北米大陸に広がるヒグマの生息地のなかで、最もヒグマの生息密度が高いのが北海道なのだ。どちらも日本以外では絶滅の危機のおそれのあるレッドリストに登録され、人間の保護対象となっている。それが1億2000万人の暮らす経済大国の日本では、なぜか頭数が増えすぎてしまい、熊が〝人口爆発〟を起こしているのだ。

人を襲うアーバン熊も〝異常〟といっていい。本来、熊は非常に臆病な動物で、人間が近づけば勝手に逃げていく。明治の開拓期などで「人喰い熊」の被害が何度も起きたが、これらの熊は「異常個体」だ。熊にかぎらず、人を襲い、人を食べるといった異常個体は、トラやライオン、ゾウやチンパンジーにも確認されている。異常個体の問題は、その個体を排除すれば解決する。

だが、アーバン熊は違う。異常個体ではなく「正常個体」なのだ。つまり日本に生息するツキノワグマとヒグマは、それまでの「人間は恐ろしい」という性質が「人は襲っていい」という性質へと変わっているのだ。

日本の熊の〝人口爆発〟は、1990年以降に起こった。この平成期に生まれた熊は人間を恐れなくなり、その平成生まれの熊が生んだ個体が「アーバン熊」となった。

これは何を意味するのか？

過去の熊被害は、一部の異常個体の例外を除けば、登山やハイキング、山菜採りやキノコ狩りなどで人間が熊のテリトリーに入った時に起こっていた。

しかしアーバン熊は、人間の生活圏に平然と出没する。熊のテリトリーに入らなければ被害に遭わなかったこれまでと違って、「普通の暮らし」をしていても被害に遭いかねないのだ。

この日本において、そんな危険な猛獣がものすごい勢いで増えている。本州のツキノワグマは3万頭に近づいているのではないか、という調査報告まで出ているのだ。

なにより問題なのは、日本政府にせよ、日本国民にせよ、このアーバン熊への危機意識が薄い点だろう。多くの日本人が、いまだ「ドングリが不作で人里に出てきたんだな」程度の認識しか持っていない。まったく違うのだ。

繰り返すが、1億2000万人がひしめく日本で、推定4万頭以上の〝人を襲う性質〟を持った猛獣が住宅地と接して生息するようになった。

これが、いかに危険な状況なのか――本書を通じて、その実情と対策を、少しでも多くの人に伝えたいと思っている。

別冊宝島編集部

目次

アーバン熊の脅威

第一章

過去最悪の被害！2023年の「アーバン熊」

第二章

世界最悪の「熊被害大国」ニッポン

第三章
知っておくべき熊の「恐怖生態」

第四章
日本の「人喰い熊」ショック事件簿

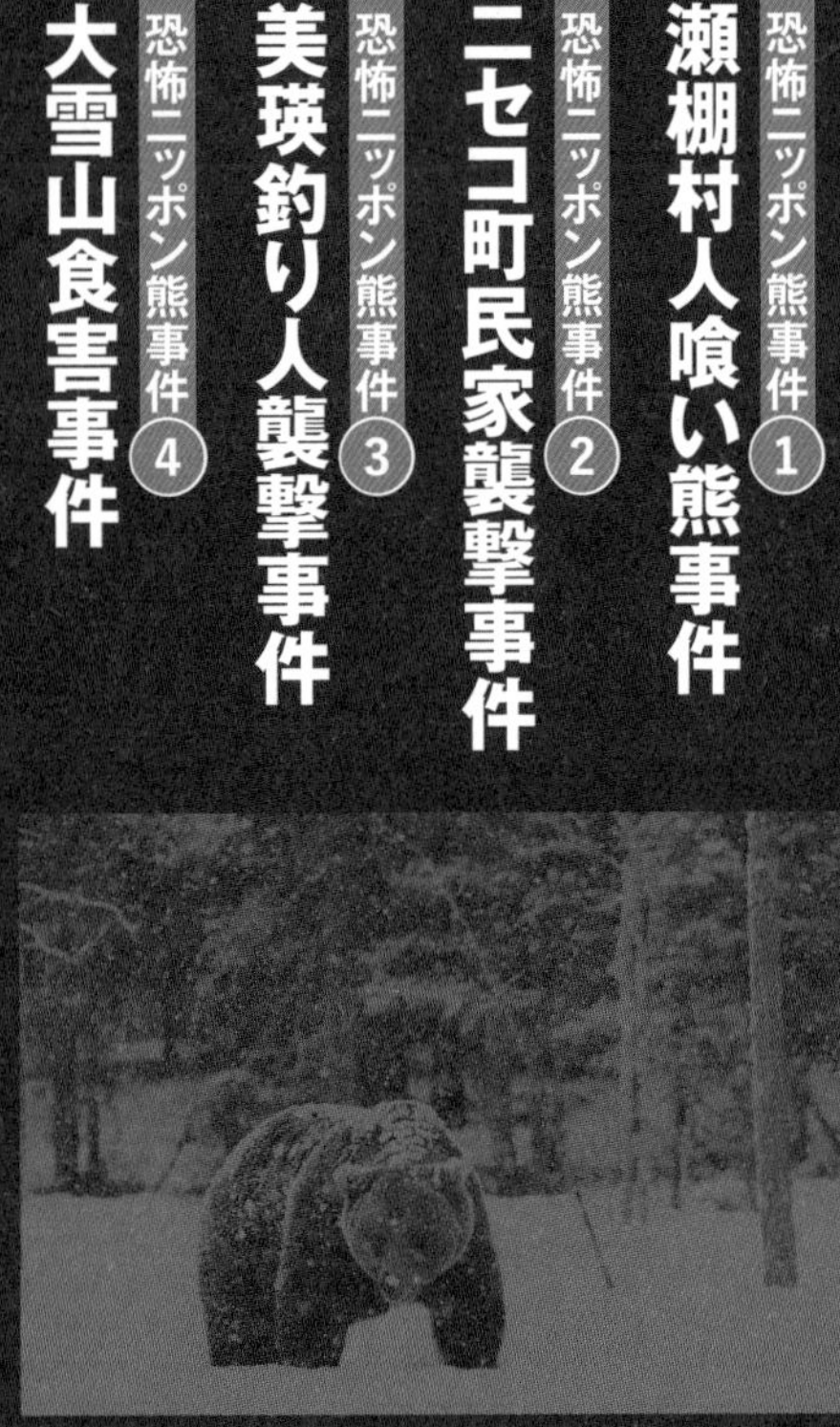

第五章 世界〝衝撃〟熊事件ワースト10

「アーバン熊」とは何か？

山を捨て、人間を恐れない、危険で凶悪な熊が
日本列島で大量発生する理由を徹底解説――

「平成熊」から生まれた新世代「令和熊」が都市対応型へと進化したアーバン熊の正体

取材・文■西本頑司

戦後の狩猟人口の増加で狩り尽くされた日本列島の熊

生物の頂点に立つ熊を狙うスポーツハンティングブーム

絶滅寸前だった昭和末期の熊

「アーバン熊」を一言で定義すれば都市対応型へと進化した「新世代の熊」となる。

日本列島の長い歴史のなかで日本人と共存していた、これまでのツキノワグマやヒグマとはまったく違う生態を獲得しているのだ。

いかにしてアーバン熊が誕生したのか、日本の戦後史から分析していこう。

戦後、日本人のライフスタイルは大きく変化する。その結果、１９８０年代までの戦後昭和期は熊にとって絶滅寸前にまで追い込まれた「受難」の時期となるのだ。

最大の要因は植林である。電信柱需要や人口増大による住宅需要を見越して全国の山ではスギやヒノキの植林が激増する。これによって熊の重要な主食であるドングリ類（広葉樹）が減少し、巨体を維持するだけの食べ物を失う〝食糧難〟で生息数が激減する。

これに追い打ちをかけたのが戦後のスポーツハンティングブームだった。１９５０年代まで10万人だった狩猟人口（狩猟免許所有者）は、１９７０年代にかけてのブームで富裕層を中心に5倍となる50万人まで拡大する。

当然、ハンターたちにとって最高のトロフィー（獲物）は、日本列島の生物の頂点に立つ熊だ。１９７０年代頃までは東北地方や北海道を中心に多くの「熊狩り名人」が健在だった。とくに北海道では三毛別羆事件（１９１５年）に代表されるように多くの人喰い熊被害が発生してきた経験から、マタギやアイヌの熊狩りの専門家たちが地元を中心に精力的に活動していた。彼らは熊の巣穴を探してマーキングし、冬眠に入った熊を巣穴から燻り出して出産したばかりの小熊もろとも狩っていたという。

地元の狩猟者たちは、林業との兼業で生活をしている人も多く、富裕層たちのハンティ

狩猟人口の多かった1966年、秋田県北秋田郡上小阿仁村でマタギによって射止められたツキノワグマ

日本の熊生息数は1989年に「熊撃ち禁止令」が出されるまで減少の一途だった

ングガイドはかっこうの現金収入となるので積極的に協力してきた。こうして１９７０年代から80年代にかけ、日本列島の熊は狩り尽くされていった。

実際、「里に熊が出た」と目撃情報が入れば、地元の役場は禁漁時期に関係なく狩猟許可を出す。すると地元の猟友会は〝おっとり刀〟で猟銃片手に１００人単位が集結し、「熊撃ち」に興じていた。

戦後昭和期、熊の生息域は人が絶対に入ってこない山地や山脈の奥地へと逼塞。原生林は植生が貧しく、食糧となる広葉樹も少ない。１９９０年代以降、熊の頭数は下がり続け、ついに九州では絶滅（２０１２年に確定）。北海道のヒグマも急激に数と生息域を減らした。昭和末期、山奥に立ち入る林業専門家ですら熊の姿はおろか足跡や糞を見ることがなくなった。〝昭和末期ベアー〟は「幻の生き物」になっていたのだ。

荒廃した「里山」は野生動物たちの〝楽園〟に

「このままでは日本列島の熊は絶滅する……」。世界的な自然保護や動物愛護もあって熊保護の機運が高まり、１９８９年、農林水産省と環境庁（現・環境省）は、いわゆる「熊撃ち禁止令」を出す。それまで冬ごもり（冬眠）明けで飢えて活発に行動をする〝春熊〟を夕

熊保護の機運が高まり発令された1989年の「熊撃ち禁止令」

ーゲットにしたヒグマ駆除活動は禁止となる。

さらに1970年代以降、木材需要が一変し、国内林業が崩壊していく。パルプなどの材木は海外の輸入材へ置き換わり、電信柱も木材からコンクリートへと変わった。これにより林業従事者は1万人から激減し、2000年代にかけて2000人にまで減少する。これがアーバン熊大量発生への「第一歩」となった。

1970年代以降、先に述べた林業崩壊で、人工林(二次林)の多くが放棄されて「荒廃山林」となった。同時に農業では化学肥料が普及し、里山の腐葉土を使わなくなった。さらに灯油やエアコンの普及で薪需要が消滅し、里山がどんどん荒廃していった。これに加えて都市化と核家族化が加速し、とくに中山間部では過疎化と廃村が進んで耕作放棄地が増大する。

この中山間部の荒廃山林と耕作放棄地が野生動物の「楽園」となるのだ。スギの人工林といっても間伐処理したのち、10年単位で人の手が入らなければ、広葉樹林が生い茂り、ドングリ類の宝庫となるのだ。荒廃山林となったスギの人工林では7割が広葉樹化するという。耕作放棄地も食用となる草や低木が増え、野生動物にとって安全な生息域へと変わる。要するに日本の国土の4割に当たる里地里山のうち、中山間部を中心に野生動物の楽園へと様変わりしていったのだ。

罠にかかったシカやイノシシを求めて奥山から里山に降りてきた「平成熊」

その一方でスポーツハンティングは下火になり、狩猟人口は半減(現在は20万人)。高齢化も進み、当然、熊狩り名人たちの引退も相次ぐ。

この劇的な環境の変化の結果、北海道全土で5000頭にまで減少していたヒグマは、わずか30年で倍増したほどなのだ。当然、ツキノワグマも生息数と生息域が一気に倍増する。奥山でひっそり暮らしていた幻の熊たちが、平成期にかけて人里近い中山間部まで降りてきたのだ。

ここで重要なのは、熊だけが倍増したわけではないという点だ。北海道ならばエゾシカ、本土ならばシカやイノシシもまた一気に激増する。

ここでアーバン熊は「二歩目」へと進む。肉食化である。

激増したシカやイノシシの農作物への食害拡大で農林水産省は、これらの狩猟を推奨してきた。高齢化した猟友会ではこれに「罠猟」で対応。その罠にかかったシカやイノシシを、生息数の増加で飢えた若熊たちが横取りするようになったという。

意外に思うかもしれないが、熊は狩りが苦手で主食は木の実や樹木(皮を剥いで柔らかい形成層を食べる)。肉食は魚や昆虫が基本となる。それが罠にかかった、文字通り「おいしい獲物」を食べることを覚えた。つまり、罠を仕掛けてある住宅地近くの里山まで熊が接近してきたのである。

この住宅地近辺の里山にやってきた熊が「平成熊」へと進化する。

次第に人間をナメていった平成熊

熊の寿命は生存環境によるが、20年から30年とされている。

絶滅寸前まで追い詰められた旧世代の「昭和熊」は人間を恐れ、人里を〝恐ろしい場所〟と認識していた。農作物や家畜を食べたことはなく、その〝味〟を知らなかったはずだ。

だが1989年に熊狩りが禁止となり、熊保護が叫ばれてきた平成期に生まれた熊は、人間を〝恐ろしい存在〟として認識しなくなった。たとえ人里に降りても殺されずに山へと戻されるだけなのだ。恐れることはない、むしろ人間を次第にナメていったことだろう。

人里近い果樹園や農地へと進出した平成熊は農作物の〝美味しさ〟に気づく。また、罠にかかった害獣を食べて肉食化していた熊のなかには、家畜の味を覚えた個体も増えたことだろう。

熊は1年半から2年かけて小熊の子育てをする。平成生まれの熊たちは「人間を恐れる

人間にとって最悪の特性を獲得した新世代熊が誕生

必要はない」「罠にかかった獲物は横取りできる」「人里近い果樹園や農地で農作物を食べることができる」といった新たに獲得した特性を小熊に教えていったはずだ。

この平成熊から生まれた新世代の熊たちが「アーバン熊＝令和熊」となっていくのだ。

アーバン熊＝令和熊の最大の特性は、「山を捨てた世代」という点にある。

たしかに放棄された荒廃山林や里山は野生動物の楽園となった。だが、そこで生きていける数には限度がある。生息数が増えれば、当然、過酷な生存競争が発生する。しかも激増したシカやイノシシとも食糧をめぐって争っているのだ。

ドングリ類など食糧の豊富な環境域である荒廃山林や放棄里山は、「熊の楽園時代＝平成期」には、経験と肉体を大きく成長させた

令和熊＝アーバン熊は山では〝生きていけない〟

〝成体〟の熊が独占してきた。

だから平成熊は山を降りる必然性はなかった。しかし令和期に入って生まれた若熊たちは違う。老練な平成熊との競争にさらされる山では〝生きていけない〟のだ。

そして2023年、ついにアーバン熊の存在が誰の目にも明らかになった。

若くて、飢えていて、農作物や家畜など人

住宅地に隣接する里山（神戸市北区山田町）。荒廃した里山は野生動物の楽園となり、獲物を求めた熊も侵出する

里山からさらに人間の居住域に侵出してきたアーバン熊。今後、里山であぶれた熊が都市部に出没する機会はますます増えるとされる

間の食べ物の味を知り、人をまったく恐れずに平然と人を襲う凶暴性と、新たな生息地＝楽園を求める強い生存欲求を併せ持った、人間にとって最悪の特性を獲得した新世代熊が誕生していたのだ。それは世界でも類を見ない「凶悪かつ危険な熊の大量発生」と言い換えていい。

そんな令和熊の向かう先は、もちろん住宅地＝アーバンである。

水先案内人は「アーバンシカ」と「アーバンイノシシ」。やはり生存競争に負けた若い新世代のシカやイノシシが住宅地へと進出し、人里や農地を荒らす。それを追いかけるよう熊が街＝アーバンへと進出する。そんなサイクルが令和期にはすでに完成していたのだ。

既存メディアの多くは、２０２３年の熊害（ゆうがい）を「ブナの大不作の影響で餌を求めて住宅地に出てきたのだろう」と解説するが、そんな甘っちょろい認識は間違いだとわかる。

なぜなら生息環境に優れた里山を根城にした平成熊は、これからも令和熊を次々と出産しては余剰となった若熊たちを都市へと送り込み続けるからである。

令和期の熊の生息域は九州を除く全国の都市部へと拡大していき、いずれ都市部での繁殖が始まる。それは人間とアーバン熊の生存競争を意味しているのだ。

全8種目のクマ科のなかで、ヒグマとツキノワグマは最も繁栄した上位2種属だ。どんな場所でも生きていける高い適応能力、何でも食べる強い雑食性、賢い頭脳という共通点を持つ。ヒグマは最大の天敵である人間を避けて寒冷地帯で生きていけるよう巨大化し、ツキノワグマは高山や山岳地帯に適応し、木登りのできる唯一のクマとなった。いずれも世界で最も生息密度の高い場所が日本だけに、この2種属の違いと特性をよく知っておくべきだろう。

ヒグマ

即死必至の攻撃力を持つ世界最大級の巨大熊

体長・体重
2〜3m。200〜500kg。雌は一回り小さい。栄養価の高い鮭が大量に遡上する生息地では最大体重1トンに及ぶ個体も。クマ科最大級の種

習　性
餌に対する執着が強く、食べ残した餌は土に埋める（土まんじゅう）。それを横取りした対象を執拗に攻撃する

食
肉食寄りの雑食。シカ・イノシシ・ネズミなどの動物から魚・昆虫・果実などを食す。動物の死骸を漁ることが多く、捕食をする場合は成獣ではなく幼獣を狙う

冬眠期
北海道のヒグマは12月から3月まで冬眠期。1989年までは冬眠明けのヒグマを駆除する春熊狩りを行っていた

天　敵
人類登場後は人間が最大の天敵。トラと生息地が重なるとヒグマが駆逐される

視力・聴力・嗅覚
クマ科全体の特性として臭覚は犬の8倍、聴覚も非常に優れているが、視力は弱い

知　性
ロシアのボリショイサーカスでは自転車に乗るなど多彩な芸をこなし、ヒグマの高い知性を証明する

生息地
ユーラシア大陸全土から北米・北極圏沿岸。氷河期の陸続きだった時代に渡った島にも生息。本州にも生息していた（絶滅）

身体能力
走力はおよそ時速50km。上腕の力は強力で、パンチが直撃すれば人間は即死する可能性が高い

攻撃性
ヒグマは非常に臆病で餌と認識しないかぎり基本的に人間は襲わない。遭難した死体を食べた個体が人を襲うようになる

親子関係
子育て期の親子関係は非常に強い反面、約3年の子育て期で成体になると子別れする。その後は敵対関係となって縄張りから追い出す

雄雌関係
クマ科の特性として群れはつくらない。雄は広い縄張りを持つために雌よりも大きくなり、縄張り内のメスと交尾する

繁　殖
夏から秋にかけて交尾し、受精卵を体内で保持。食糧の豊富な秋の時期に体内の脂肪を増やし、その栄養分で冬眠期に妊娠・出産する

寿　命
ヒグマの寿命は生息環境による個体差が大きく、天敵のいない鮭の遡上する離島では40年以上生きることも

図解解説 知ってておくべき ヒグマとツキノワグマの生態

ツキノワグマ

ヒグマより高い凶暴性を有する本州の王獣

体長・体重
1.2～1.8m。50～120kg。雌は一回り小さい。ドングリ類の群生地では大型化しやすく、餌の乏しい山岳地帯では小型化する

習　性
堅果類が不作になると樹木の皮を剥いで柔らかい形成層を食べる「クマハギ」が増加、スギ・ヒノキなどを枯死させる

食
草食よりの雑食。糞の調査から堅果類・樹木（形質層）が主食とされ、他は昆虫・カニ類などを食べる。栄養価の高い蜂蜜を狙い、蜂自体も好物。スズメバチの巣も襲う

冬眠期
亜熱帯域のツキノワグマは基本冬眠しない。本州のツキノワグマは積雪前に冬眠するが、冬眠しない個体も少なくない

天　敵
オオカミがいると生息地を奪われる。ニホンオオカミ絶滅後は人間が最大の天敵

視力・聴力・嗅覚
臭覚と聴覚で餌を探す。クマ科はイヌ科から分化した関係で犬の特性に近い

知　性
ハンターの追跡を振り切るために自分の足跡を逆にたどって横っ飛びする「熊返し」の技を小熊に教える知性を持つ

生息地
アジアンブラックベアと呼ばれ、生息地はヒマラヤ山脈から中国・東南アジア・台湾などのアジア全域に。ロシア東部沿海州にも生息

身体能力
山岳地帯に適応し、木登りや崖の登り降りが得意。走力はヒグマより劣り、最高で40kmほど

攻撃性
ヒグマより攻撃性が強く、縄張り内で人間に出会うと追い払おうといきなり襲ってくる。小熊を連れた母熊はとくに凶暴

親子関係
幼体が成体となる期間は生息環境で変わる。本州では平均で2年半から3年が子育て期。生後4年前後で性成熟する

雄雌関係
受精卵を体内で保持する特性から雌は発情期に複数の雄と交尾し、より強い雄の子を残すといわれている

繁　殖
妊娠出産はヒグマと共通。冬眠期に嬰児を複数頭産んで眠ったまま授乳する。嬰児のうち強い2頭だけが生き残って小熊となる

寿　命
自然状態では20年以下と推定。動物園の飼育個体は40年近く生きたケースもある

第一章

過去最悪の被害！2023年の「アーバン熊」

2023年は過去に類を見ない「クマ被害の年」となった。ベテラン猟師が「今年の熊出没は天変地異レベルの異常さ」とこぼすほどで、被害件数は過去最悪となっている。被害は全国各地に広がり、住宅地にまで及んでおり、我々の近くにまで熊は忍び寄ってきている。どれほど被害が起き、凄惨な事件があったのか、その実態をひも解いていく。

日本列島で多発する「アーバン熊」被害の実態

専門家は「今後も熊被害は急増していく」と断言

取材・文■佐藤勇馬

人身被害が起きたエリアは18道府県に及び、死者数は5人

緊急事態宣言レベル

２０２３年ほど多くの日本人が熊に怯(おび)えた年はないだろう。環境省の統計によると、同年４～10月までの全国の熊による人身被害は速報値で１８０人にのぼり、これまで最も多かった２０２０年度の１５８人を上回り、過去最悪を更新した。例年、熊は９月頃が最も動きが活発で、以降は目撃情報が減少していくはずなのだが、温暖化の影響なのか、ドングリの不作で餌が十分に確保できないなどの要因で、２０２３年は10月になってから逆に出没数が増加。10月だけで71人が熊被害に遭うという異常事態となった。

人身被害が起きたエリアは18道府県に及び、死者数も５人（岩手県２人、北海道、富山県、長野県がそれぞれ１人）と、過去最多の２０２１年度などに並んだ。そのなかでも秋田県は61人、岩手県は42人と被害者数が飛び抜けて多く、両県だけで被害件数の６割近くを占めている。とくに秋田県は「緊急事態宣言レベル」といわれるほど被害が増加し、これまで最多だった２０１７年度の20人から約３倍になっており、県担当者はこの異常な状況について「餌となるブナの実が大凶作で餌を求めて人里に出没しているのではないか」と分析している。

今までの常識であれば、北海道に生息する凶暴なヒグマと違い、本州や四国にいるツキノワグマは人間との軋轢(あつれき)を避ける傾向が強く、遭遇すること自体がまれで襲撃される可能性も極めて少ないとされていたが、その常識が通用しなくなっているのだ。

その他、ツキノワグマの被害件数は福島県で13人、青森県で11人、長野県で10人、新潟県と富山県で各７人などが上位で、東北や中部地方での熊被害が目立つ。しかし、今までほとんど熊被害が確認されていなかった島根県や山口県でも今年は被害が報告されている。

１９９０年代まで、島根と山口における熊被害はほぼ皆無だった。しかし、現地の医療関係者によると、２０００年以降は熊の襲撃による外傷で病院に運び込まれる人が少しずつ増えていたといい、２０２３年は増加傾向が顕著になっているという。一部では「ツキノワグマは関門海峡を泳いで渡る能力がある」と指摘され、熊が絶滅したといわれている九州にまで生息域を広げる可能性がある。

東京都も例外ではない。都の集計によると、２０２３年11月末までのツキノワグマの目撃等情報は１６１件。奥多摩町が66件と最も多く、次いで檜原(ひのはら)村が23件となった。これだけ見ると「東京といっても多摩地域の山間部だけの話でしょ」と思ってしまうが、八王子市が22件、あきる野市が18件、青梅市が17件にのぼっており、着実に熊は都会に近づいてきている。

研究者の指摘では「東京都内に生息している熊は増加傾向で安定しているとみられる」とされ、今後さらに東京での出没例が増えていきそうだ。

「熊は人間を襲って食べる」生物

熊による襲撃は凄惨なものが多く、２０２３年の被害でとりわけ世の中を震撼させたのが、11月に北海道の大千軒岳(だいせんげんだけ)へ登山に出かけた22歳の男子大学生が遺体で発見された事件だった。激しく損傷した大学生の遺体の近くにヒグマの死骸があり、登山中だった大学生とは別の消防士の３人グループが襲撃されたが、その際になかの一人がナイフで熊の顔や首などを刺し、撃退していた。ヒグマはその傷が原因で死亡したとみられる。

大学生の遺体は損傷が激しすぎるために死因の特定に難航したが、警察がヒグマの胃の内容物を調べたところ、大学生のＤＮＡ型と一致したことで、ヒグマに襲われて死亡していたことが確定した。

通常の熊被害では、警察やマスコミの「配慮」によって、具体的な体の損傷状況などは伏せられることが多い。しかし、この一件では死因の特定に熊の胃の内容物の鑑定が用いられ、注目度の高い事

「ほぼバラバラ」もあり得る熊に襲われた遺体のすさまじい損傷

件だったことから多くの大手メディアで報じられたため、世間の人々は「熊は人間を襲って食べる」ということを改めて認識させられた。

2023年5月には、北海道幌加内町の朱鞠内湖で釣りをしていた男性がヒグマに襲われて死亡。遺体は「ほぼバラバラ」といえるほどすさまじく損傷しており、警察官らの捜索によって付近で頭部が発見され、さらに覆うように被せられた草木の下から胴体とみられる遺体の一部が見つかった。ヒグマは食べ物を埋めるなどして隠す習性があり、「保存食」として隠していたのではないかとみられる。男性を襲ったとみられるヒグマは現場付近で射殺されたが、胃袋には約9キロの内容物があり、その中には肉片や骨片があったことがわかっている。

熊の攻撃は顔面に集中

登山中や山奥での釣りでヒグマと遭遇してしまったのは不運としか言いようがないが、安全なはずの住宅地で襲われるケースもある。

2023年10月、富山市南部の江本地区で頭やアゴを深く切り裂かれた七十代女性の遺体が見つかった。当日夜、女性の夫が「夕方から妻の姿が見当たらない」と警察に届け出て、署員が捜索したところ、敷地内で血を流して倒れている女性を発見した。死因は首や胸の骨折に伴う出血性ショックで、顔の損傷が激しく、身元の特定に時間を要したという。敷地内の畑には大きな熊の足跡があり、約1週間前には2・5キロほど離れた地域で女性が熊に襲われて重傷を負う事件も起きていた。

運よく生き残れたとしても、熊

熊被害が激増した2023年。特徴的なのは人の居住域での出没が多い点で、一度、餌にありつけた熊が何度もやってきていると推測される

頭蓋骨の中央部が「グチャグチャに」顔面の中心を「かじり取られた」

の攻撃は非常に悪質でダメージが大きくなりがちだ。ある医療論文によると、熊の襲撃で受けた被害者の外傷はほとんどが顔面に集中しており、眼球を失ったり、鼻を全欠損したりといったケースが目立つ。熊は攻撃時に立位になると１１０～１３０センチほどの高さになることが多く、人間の頭頸部が爪や牙による攻撃の標的になりやすいとみられている。報道番組で熊の襲撃を受けた被害者のレントゲン写真が公開され、頭蓋骨の中央部がグチャグチャになっていることにＳＮＳ上で騒然となったこともあった。

熊の爪による一撃の威力はすさまじく、直撃すればほぼ即死となる。一命を取りとめた場合も、生きたまま熊に捕食される確率が高い

ある形成外科医が明かしたところによると、熊によって顔面の中心を「かじり取られた」という事例もあり、現場に駆けつけた救急隊員が「被害者の眉間から両下まぶた、頬、鼻、上口唇がひとまとまりになったもの」を路上で発見し、病院まで持ち帰ってきたことがあったという。

人的被害こそなかったものの、２０１９年以降に北海道の標茶町と厚岸町で放牧中の牛を合わせて66頭も襲い続けたヒグマ「ＯＳＯ（オソ）18」は、アーバンベアの象徴的存在となった。

本来、ヒグマは凶暴な性格とは裏腹に前述のとおり木の実などを主食にしているのだが、ＯＳＯ18は特殊な熊で、肉を主に食べていたとみられる。多くのハンターが躍起になって捜しても見つからず、人前に姿を見せないのはもちろん、固定カメラにもほとんど映らなかったことから「忍者熊」とも呼ばれていた。２０２３年7月にＯＳＯ18とは認識されぬまま駆除されていたことがわかったが、もしＯＳＯ18が牛に飽き足らず「人間の味」に目覚めていたらと思うとゾッとする。

ＯＳＯ18が肉食になったのは、ハンターが撃ったシカを放置しておくことが原因とも指摘されている。放置されたシカの死骸を食べて肉の味を覚えたのではないかというのだ。射殺後に放置されるシカは多く、それを食べたヒグマが肉食化し、第二、第三のＯＳＯ18が生まれる可能性がある。

人身被害にしても家畜への被害にしても、専門家らの見立ては「今後さらに増加していくだろう」という意見で一致している。生息域の拡大も気になるところで、アーバン熊は私たちにとって無視できない身近で危険な問題となってくるだろう。

アーバン熊「住宅街」出没マップ 2021—2023

人間が普通に暮らす住宅街に危険な熊が侵出！

2021年から2023年の3年間で、「住宅街」において熊の被害や目撃情報があった都道府県を赤く塗って示した。環境省がツキノワグマの生息域に指定していない四国と九州を除けば、日本のほぼ全土でアーバン熊が出没しているのだ。

アーバン熊は山の熊より〝超危険〟な存在に！

街に出没した熊は興奮状態にあり、動くものすべてを敵とみなし、人を襲う可能性が高い。これは熊が有する「共食い」の習性からくるものとされる。山なら自分を捕食しようとする他の熊から身を隠す場所があるが、街だと隠れる場所はほぼなく、無防備な状態を強いられる。よって共食い熊から自分の身を守るために、熊は常に戦闘モードになっている。これほどアーバン熊は危険極まりない存在なのだ。

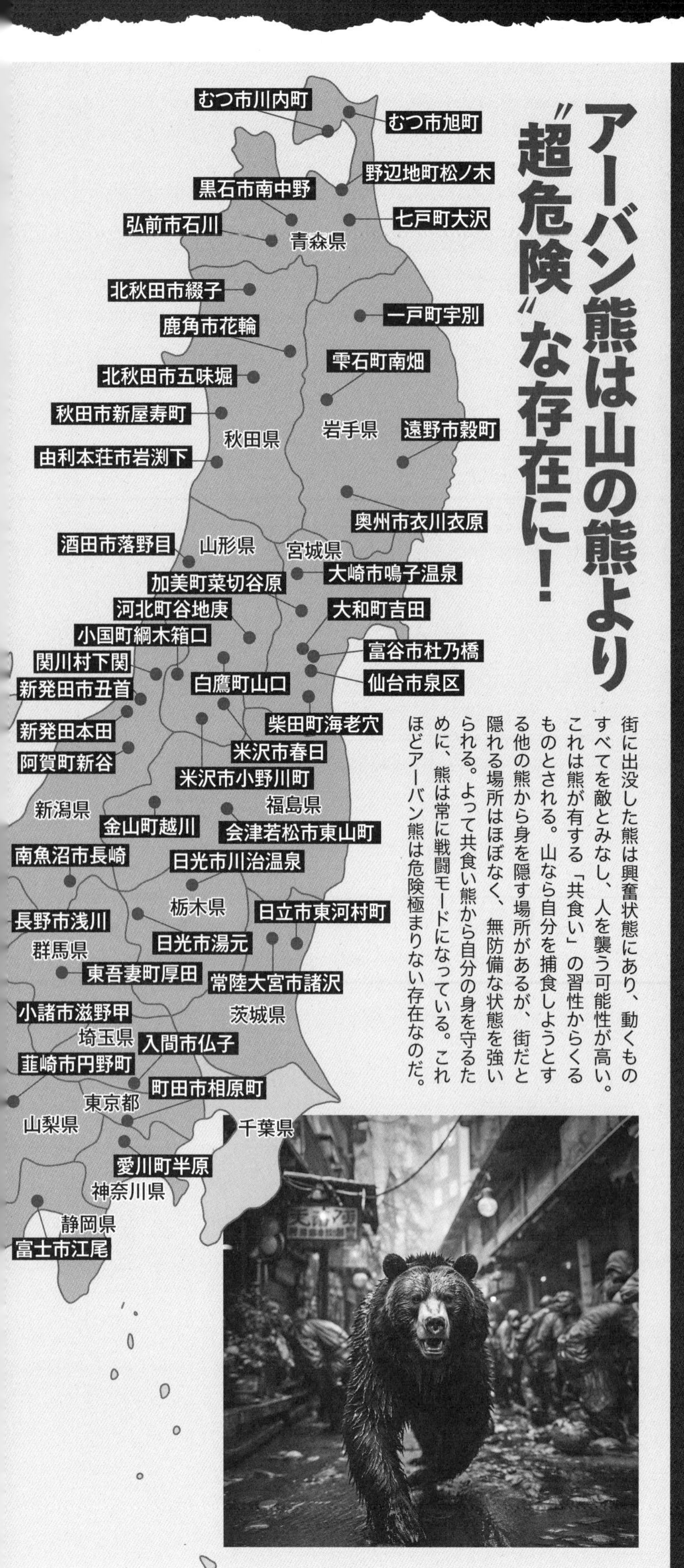

世界一の“熊大国”北海道

2023年の出没情報は
6000件以上
枝幸町
羅臼町
斜里町
旭川市
標津町
占冠村
札幌市
八雲町
平取町
上ノ国町
◉道内で出没件数の多い10地区のみ記載
富山市安養寺
富山市江
富山市栗山
富山市加納
富山県
白山市安養寺町
石川県
飛騨市神岡町
福井市今市町
福井県
京丹後市久美浜町畑
京丹後市大宮町久住
高山市奥飛騨温泉
出雲市佐田町須佐
鳥取市国府町
宮津市脇
岐阜県
九州は環境省の
ツキノワグマ生息域に
指定されていない
かつては九州にもツキノワグマが生息していたが現在は絶滅したとされる
島根県
鳥取県
兵庫県
滋賀県
長浜市当目町
京都市北区
京都府
浜田市旭町
八頭町船岡
大津市北小松
愛知県
茨木市下音羽
岡山県
大津市伊香立途中町
高砂市北浜町
茨木市泉原
広島市安佐北区
庄原市比和町
大津市比叡平
豊田市加塩町
箕面市彩都粟生北
茨木市忍頂寺
広島市安佐南区
広島県
箕面市箕面
大阪府
山添村西波多
山口市惣太夫町
岩国市本郷町
茨木市大岩
山口県
三重県
和歌山県
奈良県
四国は環境省の
ツキノワグマ生息域に
指定されていない
現在、四国のツキノワグマは剣山山系にごく少数が生き残っているだけとされる
周南市土井
田布施町宿井
尾鷲市瀬木山町
下松市青柳
田辺市下川下

怪物ヒグマ「OSO18」の恐怖と猟奇性

66頭もの牛を襲い、熊被害の象徴となった“忍者熊”の意外な末路

高い知能と用心深さで罠を回避

北海道の東部で乳牛や肉牛を次々と襲い、酪農家たちを震撼させたヒグマ「OSO18」。被害は2019年7月に標茶町オソツベツ地区で始まり、2021年には厚岸町でも確認された。両町で襲われた牛は計66頭にのぼり、うち32頭が死んだ。

最初に被害があったオソツベツの地名と、当初は足の幅が18センチ（捕獲後の発表では20センチ）と推定されたことから「OSO18」と名づけられた。体長は約2・2メートル、体重は日本史上最悪の獣害事件として知られる三毛別事件のヒグマとほぼ同サイズの300キロ以上とされる。

残された体毛のDNA分析などから「一頭のヒグマによって牛が襲われ続けている」という事実が判明し、標茶町の猟友会と自治体が協力して痕跡調査などを実施したものの、発見することはできず、厚岸町にも被害が拡大した。被害に遭った酪農家たちは「今まで、生きている牛がヒグマに襲われるなんていう被害は自分の代では経験がない」「40年以上も牧場をやっているが、牛を食うヒグマなんてOSO18が初めてだ」などと驚きを口にし、牛への襲撃と捕食を繰り返すOSO18の特異性が浮き彫りになった。

牛を襲うだけで食べず殺戮を楽しむモンスター

捕食の傾向にもばらつきがあり、殺した牛の内臓だけを食べることもあれば、死骸に執着して翌日に別の場所まで引きずっていって肉を食べることもある。そうかと思えば、ただ牛を襲うだけでほとんど食べないこともあり、まるで殺戮を楽しんでいるかのような「猟奇性」もうかがわせた。当初は放牧中の牛を襲っていたが、次第に牛舎や民家にも近づくようになり、人々の恐怖心が高まっていった。

高い知能と勘のよさを有しているとみられ、罠を仕掛けても回避し、ハンターが待ち伏せしてもまったく姿を見せなかった。ヘア・トラップ（クマが木に背中をこすりつける習性を利用し、有刺鉄線を巻いた杭を設置して体毛を採取するための罠）で採取した体毛と自動カメラで撮影された数枚の写真しか手がかりがなく、あまりの

取材・文■佐藤勇馬

体重500キロの乳牛「リオン」の反撃がOSO18のトラウマに……

自動撮影カメラで撮られたOSO18とみられるヒグマ。OSO18が家畜を襲うのは必ず夜中だった

用心深さから「モンスター」「忍者」と呼ばれた。OSO18の襲撃は夜間に集中し、一部では「鳥獣保護法で夜間の猟銃発砲が禁止されているのを知っているかのようだ」とまで囁かれた。

OSO18だと気づかれずに射殺

そんな凶暴性と高い知能を併せ持ったOSO18の運命が狂ったのは、ある乳牛を襲撃したことだった。2022年8月、OSO18は厚岸町の久松牧場で乳牛を襲ったが、返り討ちにあって逃走している。襲われたのは体重500キロほどの「リオン」という乳牛で、両肩に鋭い爪の跡が刻まれていたものの生還を果たした。同牧場では基本的に角を切り落とさずに育成しており、角にOSO18の体毛が付着していたことから、気が荒いというリオンが角を使って必死に抵抗したことでOSO18は退散したとみられる。思わぬ反撃がトラウマになったのか、OSO18はほとんど牛を襲わなくなり、以降に確認された被害は1件のみだった。

そして、OSO18はあっけない最期を迎えた。2023年7月30日の早朝、標茶町と厚岸町に隣接する釧路町仙鳳趾村オタクパウシの牧草地で、釧路町役場の職員でもあるハンターが、OSO18だと気づかないまま頭部などへ3発の弾丸を命中させ仕留めていたのだ。気づかないのも無理はなく、この時のOSO18はやせ細っていて、世間で恐れられた「モンスター」のイメージとかけ離れた姿だった。

後日、ハンター仲間が「OSO18では」と指摘し、専門機関に体毛の分析を依頼したことで正体が判明したが、すでにOSO18はハンターによって食肉加工会社に持ち込まれていた。結果、東京、大阪、北海道などの飲食店でジビエ料理として提供され、人々の胃袋の中に消えていった。頭蓋骨が粉々になっていたことから頭部も剝製にできずに処分しており、残ったのは牙だけ。伝説のヒグマは「忍者」の異名どおり、煙のように消滅してしまったのだ。

北海道で「人喰い熊」が消防士を襲撃

「人間の味を覚えた熊は人を襲う」という事実を再認識させられた事件

発生年月日●2023年10月29日以降
発生場所●北海道福島町の大千軒岳
犠牲者数●死者1名、負傷者2名
熊種●ヒグマ

「保存食」として隠していた遺体

2023年10月31日の午前10時半頃、北海道松前郡福島町の大千軒岳（標高1072メートル）を登っていた消防士3人のグループがヒグマに襲われ、2人が首などにケガを負った。

登山道を一列に並んで歩いていた時に最後尾の男性が襲撃され、先頭の男性が刃渡り5センチのナイフで熊の目元と喉元を狙って応戦し、熊は首にナイフが刺さったまま逃げていった。襲われた2人は運よく軽傷で済んだが、この時にすでに犠牲者が出ていた。

「人間は食べ物」であると完全に認識していたヒグマ

登山道の入り口に車が置き去りになっており、持ち主の携帯電話の位置情報などを頼りに警察が捜索したところ、やぶの中で土や枝が被せられた男性の遺体を発見した。30メートルほど近くに消防士グループを襲った熊の死骸があり、熊は負傷後に「保存食」として隠していた遺体の近くへ向かい、そのまま力尽きたとみられる。

男性の遺体は激しく損傷しており、死因は多発損傷による出血性ショックだった。DNA鑑定によって、遺体は10月29日から「登山に行く」と友人らに連絡してから行方がわからなくなっていた北海道大学の22歳の男子学生であることが判明。男性はカヌー部に所属するなど自然が好きで登山が趣味だったといい、翌春には大学院に進学する予定だった。

あまりの遺体の損傷ぶりによって死因の特定は困難となったが、熊の胃の中から見つかった遺体の一部のDNA型が男性と一致。司法解剖によって生前に深い傷を負っていたとわかったことで、警察は「熊に襲われて死亡した」と断定した。

人間の味を覚えた熊は襲撃を繰り返す

恐ろしいのは、このヒグマが完全に「人間は食べ物」であると認識していたことだ。先述の消防士グループは、熊除けの鈴を装備し、笛を吹いたり、火薬で音が鳴るピストルを撃ったりしながら登山していたが、それでも熊のほうから近づいて襲ってきた。ヒグマと遭遇した消防士たちは大声を出したり、ピストルを発砲したりしたが、まったく熊は怯まなかったという。本来、ヒグマは臆病で用心深い生き物であるが、食べ物への執着心は非常に強い。つまり、人間を「獲物」だと認識しているからこそ、あえて自ら消防士たちに近づいてきたのだ。「人食い熊」と化していたという点で狂暴性が極めて高く、もし運よく消防士のナイフで殺すことができなかったら、さらなる被害が起きていたのは間違いないだろう。

前年には、福島町に隣接する渡島管内松前町で高齢夫婦がヒグマに頭部や腕をかじられて重傷を負う事件が起きており、人間の味を覚えた同じ個体ではないかという推測もある。「熊は人間を捕食する」「人間の味を一度覚えると積極的に人を襲うようになる」という事実を再認識させられた事件でもあり、衝撃度においては2023年のワースト1といえるだろう。

大千軒岳で発見された加害熊の死体。調査隊が熊の胃の中から被害者の遺体の一部を発見した

取材・文■佐藤勇馬

2023年"衝撃"熊被害 2

襲われた釣り人の遺体は"バラバラ"に

損壊が激しい頭部と胴体が示した、ヒグマの"残虐性"と驚愕のパワー

発生年月日●2023年5月14日
発生場所●北海道幌加内町の朱鞠内湖
犠牲者数●死者1名
熊種●ヒグマ

ヒグマの胃から見つかった約9キロの人の肉や骨

幻の魚と呼ばれる「イトウ」釣りの聖地として知られる北海道幌加内町の朱鞠内湖で、凄惨な事件が起こった。イトウ釣りで同所を訪れていた50代の男性がヒグマに襲われて死亡したのだ。遺体の損壊があまりにも激しく、ヒグマの残虐性を改めて世に知らしめる事件となった。

2023年5月14日の午前5時半頃、被害者の男性はガイドの渡し船で朱鞠内湖北東の水辺に到着。男性はイトウ釣りでよく朱鞠内湖を訪れていたベテラン釣り人で、その水辺は男性のお気に入りの釣り場だったという。しかし、午前9時頃に渡し船の船員が迎えに行ったところ、男性の姿は消えており、釣り人が使う胴長靴をくわえたヒグマが目撃された。

翌日に警察や地元のハンターらが捜索を行うと、水辺に大量の血痕が残っていることが判明。続けて、男性のものとみられる釣り竿や救命胴衣などが発見され、さらに周辺で人間の頭部が見つかった。頭部は顔面の損傷が非常に激しく、男女の区別すらつかない状態だったという。

顔面の損傷が非常に激しく男女の区別すらつかない状態

頭部の発見からほどなく、体長1・5メートルほどのオスのヒグマが出現し、ハンターによって射殺された。17日の捜索では、頭部が見つかった現場から50メートルほど離れた場所で「頭のない人間の胴体」が見つかり、草木を被せてあったことからヒグマの習性で「保存食」として隠したものとみられた。やはり頭部と同じく、胴体の損傷も非常に激しかったという。

駆除されたヒグマの胃からは、肉片や骨片など約9キロの内容物が見つかり、警察はそれらから男性のDNAを検出。さらに、遺体に動物に咬まれたり、爪で傷つけられたりしたような痕があったことなどから、男性は14日早朝にヒグマに襲われて死亡したと断定された。

捕食対象と認識すれば遺体を引き裂くことも

熊は人間を攻撃する際に顔面を集中的に狙うことが多いが、捕食対象と認識した時はそれだけに留まらず、遺体を引き裂くことが珍しくない。

2021年7月には、北海道福島町で畑仕事に出かけた七十代の女性がヒグマに襲われ、外傷性ショックで死亡する事件があった。この時は警察やマスコミの「配慮」によって詳しい被害状況があまり明かされなかったが、遺体には上半身がなく、性別すらわからないほど激しく損傷していたことがわかっている。先述したようにヒグマは食べ物を隠す習性があることから、手頃なサイズにするために遺体をバラバラに引き裂くのではないかとみられている。

朱鞠内湖の事件は被害者数だけ見れば1名だが、あまりにもひどい遺体の損壊ぶりによって、ヒグマの残虐性とすさまじいパワーを思い知らされた。その意味でも、世間に大きな衝撃を与えたといえるだろう。

犠牲者は釣りに集中するあまり、ヒグマの接近に気づかなかったと推測される

取材・文■佐藤勇馬

2023年〝衝撃〟熊被害 3

住宅地で高齢者をツキノワグマが殺害

近隣に小学校もある住宅地に、人間を襲う熊が現れる恐怖

発生年月日●2023年10月17日と23日
発生場所●富山市
犠牲者数●死者1名、負傷者1名
熊種●ツキノワグマ

熊による人身被害をもたらす日本の高齢化社会と過疎化

夫が在宅している状況で敷地内で襲われた悲劇

2023年10月17日の夜、富山市江本の住宅敷地内で熊に襲われたとみられる住人の七十代女性が死亡した。

女性の夫が「午後6時頃から妻の姿が見えない」と警察に通報し、駆けつけた署員が敷地内で血を流してうつ伏せに倒れている女性を発見。頭やアゴに深い切り傷があり、死因は首や胸を骨折したことに伴う出血性ショックだと明らかになった。

顔の損傷があまりに激しく、住宅敷地内の事件で身内である夫もいる状況でありながら、身元の特定に時間がかかったという。顔面を集中的に狙う攻撃方法は、熊の襲撃の特徴そのものだ。これらの要素から女性が熊に襲われて死亡したのは、ほぼ間違いないとみられたが、それを特定することが難しいほど遺体の損傷も激しかった。夫の気持ちを思うと、なんともやりきれない事件だ。

現場は富山駅から南に8キロほど離れた田園地帯だが、周辺には住宅が点在しており、近くには小学校もある。まぎれもなく「住宅地」である。そこに人間を襲うような熊が堂々と現れるということ自体が異常性を感じさせる。この8日前にも近辺で七十代の女性が熊に襲われ、顔などをひっかかれて重傷を負う事件が起きており、小学校の校庭でも熊の足跡が見つかるなど、例年にないほど熊が出没していた。

庭の柿の実を狙ってツキノワグマが出没

10月23日には、死亡事件の現場から約2・5キロ離れた富山市安養寺の住宅敷地内の納屋の中で作業をしようとしていた七十代男性が熊に襲撃される。男性は応戦したが、熊と格闘したことで両手に全治1カ月のケガを負った。地元のハンターたちが付近を捜索し、体長1・2メートルほどの雄のツキノワグマを発見。熊は猟銃で射殺されたが、七十代女性を殺害したとみられる熊と足の大きさが酷似しており、同一の個体である可能性が高いと判断された。

高齢の女性を鋭い牙と爪で痛めつけて命を奪い、さらに別の男性を襲ったという事実を踏まえると、ツキノワグマの特性とされる「おとなしくて怖がりな性格で、積極的に人間を襲うことはない」という定説はとっくに崩壊しているのだと思い知らされる。

一連の事件の現場となった地域には柿の木が多くあり、ツキノワグマは柿の実を狙って出没したと指摘されている。実際、被害を防ぐために柿の木を伐採した地域は、熊がまったく姿を現さなくなっていた。だが、地域によっては高齢化が進んでいるため、柿の木を伐採する人手が足りず、放置されているケースが少なくない。高齢化社会と過疎化が熊による人身被害を呼び込んでしまった側面もあるのだ。

七十代女性が熊に殺害された自宅。同地域では庭の柿の実を狙ったとされる熊の出没が増加している。

取材・文■佐藤勇馬

市街地で一日6人も熊に襲われる異常事態

14歳から83歳の男女が無差別に襲われた、大惨事寸前の事件

発生年月日●2023年10月19日
発生場所●秋田県北秋田市の市街地
犠牲者数●負傷者6人
熊種●ツキノワグマ

「コォー」という声を出して頭をかじる熊

2023年10月19日、秋田県北秋田市の市街地で一日のうちに6人が次々と熊に襲われるという驚くべき事件が起きた。

最初の被害は午前6時40分頃、83歳と81歳の女性2人が熊に相次いで襲われ、このうちのひとりは右肩を骨折し、頭を咬まれたり右目のあたりを引っかかれたりして重傷を負った。

午前7時頃、熊は約700メートル離れたJR奥羽線・鷹ノ巣駅前の交差点付近に移動。バス停にいた16歳の女子高校生が左腕を咬まれるなどの被害に遭い、さらに付近を散歩していた82歳の女性も背中と肩を引っかかれ、転倒した際に頭を打った。

それで被害は終わらず、午前11時20分頃にバス停近くの菓子店の主人である66歳の男性が外出しようとガレージのシャッターを開けると、わずか2メートほどの距離で熊と遭遇。とっさに男性は逃げようとしたが、熊が猛スピードで追いかけてきて後ろから押し倒された。男性はテレビ番組のインタビューで「（攻撃を）手で防いでいたんですけど、もう顔と頭に執着するんですね、熊が」「すごい勢いで『コォー』ってすごい声を出して（頭を）かじってくる。死ぬかもしれないなと……」と恐怖の体験を語っている。

熊の攻撃が一瞬だけ緩み、男性は隙を見て逃走。熊が追ってきたがなんとか振り切り、約40メートル離れた建物に逃げ込んで間一髪助かった。頭や顔に大ケガを負った男性はドクターヘリで病院に搬送された。男性によると、建物に逃げ込んだ時に鏡で咬まれた箇所を確認したら「頭蓋骨が開いていた」と言い、右の耳たぶは咬みちぎられていた。顔面にも攻撃を受けたが、あと5ミリずれていたら失明のおそれもあった。幸い命に別状はなかったが、顔や背中などに痛々しい傷が残り、事件から1カ月以上経っても目のかすみや立ちくらみ、少量の出血などの後遺症があったという。

学校帰りに路上で襲われた女子中学生

さらに同一の固体かは不明だが、同日の午後6時半すぎにも北秋田市の路上で、学校から歩いて帰宅していた14歳の女子中学生が熊に襲われ、頭や首などにケガをした。女子中学生は自力で自宅にたどり着き、姉が「妹が熊に咬まれて出血している」と119番通報をして病院へ搬送された。

主食のブナの実の不作で人里へ降りて人間を襲う熊

次々と人を襲った熊が現場に残した糞からは、人里で栽培されるソバの実が見つかった。山でブナの実などが不作となったことから、人里へ下りてきて普段は食べないソバの実などを食べていたとみられる。しかし、そのような事情があったとしても、市街地で一日に6人も熊に襲われるというのは異常事態。幸いにも死者は出なかったが、熊の性質や状態によっては、とてつもない大惨事になっていた可能性もある事件だった。

秋田県制作の熊注意チラシには「熊被害の防止方法」も記載。県民への注意喚起が続けられている

取材・文■佐藤勇馬

罠にかかった熊が80歳男性を殺害

熊の行動可能な範囲を見誤って近づきすぎ、攻撃を受けて死亡

発生年月日●2023年10月14日
発生場所●長野県飯山市山林内
犠牲者数●死者1人
熊種●ツキノワグマ

熊の身体能力と狂暴性は人間の想像の域を超える

どんな狂暴な動物であっても、罠にかけてしまえば人間の勝ち。ライオンだろうとトラだろうとそれは変わらず、ある意味で罠は人間の知恵の結晶ともいえる。しかし、そんな常識が熊には通用しないということを思い知らされる事件があった。

2023年10月14日の朝、長野県飯山市の山林で、罠にかかったツキノワグマの近くで血を流して死亡している80歳の男性が発見された。熊は体長1・3メートルほどの雌の成獣で、男性の頭などには熊の爪痕があった。

警察の発表によると、男性は山林にイノシシ用の罠を仕掛けており、前日の夕方に男性の知人から「罠の様子を見に行った知り合いが帰らない」との通報があり、行方がわからなくなっていたという。翌朝に駆けつけた警察署員らの捜索で死亡していた男性が見つかり、地元の猟友会によって熊は駆除された。

男性が仕掛けていたのは「くくり罠」と呼ばれるもので、固定されたワイヤーの先に足をくくる仕掛けがあり、熊の後ろ足にかかっていた。

現場周辺には柿の木が多く、熊が食べたと思われる柿のヘタも残っていたことから、柿の実を目当てに里へ下りてきたのだとみられている。

かかった罠を自力で外して逃走する驚くべき熊も存在

罠にかかった動物は動きを封じられたように思えるが、ワイヤーの長さは数メートルあり、その範囲なら動き回ることができる。それは罠を仕掛ける人にとっては常識で、不用意に範囲内に近づくことはない。しかし、イノシシと違って熊は体を伸ばすことができる。

そのため、男性は熊の行動可能な範囲を見誤って近づきすぎてしまい、攻撃を受けて死亡したのではないかとみられている。通常の動物なら罠にかかった状態で体を伸ばしても強力な攻撃をするのは難しいだろうが、熊の場合はそれでも十分に致命傷になることが、最悪の事故の形で浮き彫りになったといえるだろう。熊の身体能力と狂暴性は人間の想像の域を超えているため、どんな状態であっても油断はできないのだ。

罠のワイヤーの範囲外と思える距離でも危険

似たような事故は他にも起きている。2023年11月10日には、岩手県八幡平（はちまんたい）市の山林で、同じくイノシシ用の罠を見に行った71歳の男性が罠にかかっていた熊に襲われた。男性は顔や背中を引っかかれて負傷したが、運よく命に別状はなかった。驚くことに熊は自力で罠を外し、そのまま逃走していったという。罠を破壊する熊のパワーも恐ろしいが、もし熊が罠を外したあとも逃げず、人間を攻撃していたら生命に関わる事態になったのは間違いないだろう。そういう意味では不幸中の幸いだった。

今後も罠にかかった熊が発見される事例は続発するとみられ、被害者を出さないようにするためには、ワイヤーの範囲外と思える距離であっても不用意に近づかないように周知することが重要な課題となるだろう。

体長1.3メートルのツキノワグマとはいえ、その殺傷能力は確実に人の命を奪う

取材・文■佐藤勇馬

東京に出没する〝超〟アーバン熊の実態

100件以上の「目撃等情報」が示す、都市部へと進む熊の分布

東京の熊発見、捕獲などの「目撃等情報」は161件

2023年は全国の熊による人身被害が過去最悪のペースで推移し、東北地方が被害の中心となった。しかし、熊の出没は地方にかぎった問題ではない。

約1400万人が暮らす東京都でも同年11月末までに熊とみられる動物の目撃やフンの発見、捕獲といった「目撃等情報」が161件も寄せられているのだ。

ただ、東京に熊がいるのは実は珍しいことではない。2020年の調査によると、都内には約160頭のツキノワグマがいるとされる。

都は都内に生息するツキノワグマを「保護上重要な野生生物種」と位置付けており、狩猟による捕獲などを禁止し、都のホームページでも「東京は世界的にも珍しい『熊が生息している首都』です」と強調している。

熊の目撃等情報は自然が豊富な東京都西部の多摩地域が中心であり、2023年は奥多摩町が66件でダントツに多かった。また、全体の目撃等情報の数は前年度の同時期が177件で、むしろ2023年は前年より16件少なくなっている。

そういったことを踏まえると「東京に熊が出るといっても山間部だけの話で、都会に住んでいる人は不安になる必要はない」と思えてくるが、東京のアーバン熊は都心にぐんぐんと近づいてきているのだ。

2023年の目撃等情報は檜原村が23件でワースト2だが、次いで八王子市が22件となっており、あきる野市が18件、青梅市が17件とさほど差がなく続いている。東京都のデータによると、2022年に比べて熊の目撃等情報は都市部となる東側への分布が進んでいるのだ。

2023年12月7日には、八王子市役所から500メートルほど離れた河川敷で熊らしき動物が目撃された。住宅や学校が密集する地域だったことで、すぐ近くに迫った熊の恐怖に市民たちは戦慄した。この熊らしき動物は、専門家の分析で大きい雄のイノシシと判定されたが、専門家は「大型のイノシシが現れるくらいだから、市役所付近まで熊が来る可能性はある」と指摘している。

都会に住んでいても熊被害に遭う危険性

当然、多くの登山客でにぎわう高尾山（八王子市）なども熊被害のリスクが生じるだろう。奥多摩などの山間部だけでなく、八王子などの市街地にまで熊が現れるようになったら、都会に住んでいても熊被害に遭う危険性は十分にある。

熊が都市部へ向かっている「証拠」となる驚愕の目撃情報もあった。2023年10月18日の朝、町田市の相原町にある公共宿泊施設「ネイチャーファクトリー東京町田」の敷地内を散策していた人が、体長約90センチの熊を目撃したのだ。都の担当者は「町田で熊が目撃されたのは過去に聞いたことがない」としており、市民にも衝撃が走った。神奈川県側からやってきた熊である可能性もあるが、町田市にまで姿を現したとなれば、これからさらに都心へと近づいていく恐れがありそうだ。

アーバン熊は人間の生活圏に慣れており、人や音を恐れないことから「新世代熊」とも呼ばれ、行動範囲が広い。一部の識者からは「猟師などの敵がおらず、食べ物も豊富な都市部に近い人間の生活圏のほうが安全で過ごしやすいと学習したのでは」との指摘もある。近いうち、都会に住んでいても「熊被害の恐怖」に怯えるような、誰も思ってもみなかった未来がやってくるかもしれない。

「都市部に近い」ほうが安全で過ごしやすいと学習した熊

都心のほうが安全で餌が豊富という学習が進めば、アーバン熊の出没は一層増えるだろう

取材・文■佐藤勇馬

第二章

世界最悪の「熊被害大国」ニッポン

「過去最悪」の熊被害にみまわれた2023年の日本だったが、そもそも日本は世界最悪の熊被害国でもある。この章では、日本で熊被害が多い原因を解説するとともに、過去日本で起こった凄惨な人喰い熊の事件を紹介。これにより日本列島特有の地勢条件と日本人の営みがもたらした、ニッポンの熊被害の実情が明らかになる――。

©Midjourney2024

「熊密集地帯」世界一の日本が抱える深刻な熊被害

熊の生息域と人間の居住区が日本ほど近い国は世界にない

北米と中国では徹底的に熊を駆除

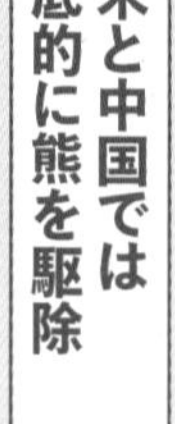

なぜ日本は、世界でも類を見ない熊被害大国となったのか。

現在日本には、北海道にヒグマが推計で1万1700頭、本州と四国には4万4000頭前後のツキノワグマが生息するとされ、全国トータルで最大5万6000頭程度が生息すると考えられている。

北米大陸の熊の生息数は100万頭近いともいわれ、それと比べれば日本が特別に多いわけではない。だが北米では、人間の居住域の広がりとともに森林はどんどん切り拓(ひら)かれ、それに伴い熊は駆除される。そのため熊の生息域は限定され、人間と熊の接触する機会はきわめて少ない。

中国でも北米と同様の理由で熊の駆除は進められている。同時に、熊の掌(てのひら)は高級食材として、胆嚢(たんのう)は漢方薬（熊胆(ゆうたん)）として珍重されているため、民間人の狩猟対象となり、生息数は減少の一途をたどっている。

日本の場合は国土そのものが狭く、地勢的に人間の居住区と熊の生息域が隣接している。「熊」という言葉が「カミ」の語源だとする説があるように、熊を神聖視する文化・風習が残っており、人間に害を及ぼさないかぎり、無闇に熊を駆除することはしない歴史がある。

取材・文■早川満

人間に害を及ぼさないかぎり無闇に熊を駆除しない日本

そんな日本において、明治初期からの北海道開拓期には、新しい土地を求めて人間のほうから熊の生息域に踏み込んでいった。そのことで、日本人は多大な人的被害を熊から受けることになってしまった。

人間と熊の生活圏がさらに近づく日本

北海道での熊害(ゆうがい)は、環境省に正式に記録が残る1962年以降だけでも発生件数155件、死者59人、負傷者118人に及ぶ。様々な文献に記された明治時代からの記録を含めれば、死亡数は優に100人を超える。

なぜこれほどの熊害が発生するのか。北海道というと、「広い大地」を思い浮かべるだろう。しかし、その広い北海道ですら、熊の生息数、土地の広さと人口数の比率で計れば、他国を大きく上回る「熊密集地帯」となっている。

人口密度の高い地域と熊の生息域が日本ほど近い環境は、世界を見渡しても他に例がない。そのため、熊が餌にしているドングリなどの木の実が不作になり、食糧確保のために活動範囲を広げれば、熊はすぐに山を降りて人里までやってくることになる。

それでも、かつては人里と熊の生息域の間には、薪(たきぎ)や山菜を採るため適度に手入れされた里山があり、これが熊と人間の生活圏の間のワンクッションになっていた。それが現代は里山の開発が進んで人間が山際にまで住むようになった。あるいは逆に、放置された里山が雑木林と化して熊の生息域になったことで、さらに人間と熊の生活圏は近づいている。環境省の試算では、放置された里山は日本の国土の2割強に及ぶという。

かつては狩猟や炭づくりのために山間に住む人々がおり、これを熊が恐れて山から降りてこないことがあったが、高齢化の影響などから山間で生活する人が減ってしまった。

そうして熊が山から降りやすくなったのと同時に、人間のほうも山登りや渓流釣りなどレジャー目的で山に入ることが増え、人間と熊の遭遇する機会は増えていった。

人間の居住域での熊被害が山林での被害を上回る日本

環境省の調査によれば、現在、日常的に人間が居住する住宅地や市街地や農地で起きる熊害の発生率は、すでに山林での熊害を上回っているという。熊と突然遭遇し襲われるケースの多くは、これまで山間部にかぎられていた。だが今後は人間の生活圏でも熊との遭遇が増えると予測される。

人口密度の高い地域と熊の生息域が近い日本は、世界で最もアーバン熊が発生しやすい国だという

地勢的に熊と人間が関わる機会の多い日本ならではのモンスターベアが誕生

やっかいなのは人里近くに生息する熊たちが、大きな物音や人間そのものを恐れなくなることだ。本来、熊は警戒心が強く、熊鈴などの音を鳴らせば接触を避けられた。しかし、人間の居住区と熊の生息域が隣接する日本の特殊事情によって、これまでの熊対策が意味をなさなくなる可能性が高いのだ。

もはや疑いようがない 日本の熊の生態の変質

２００９年9月、初心者向けの登山コースとして普段から多くの人出がある乗鞍岳（のりくらだけ）（岐阜と長野の県境）にツキノワグマが現れ、次々と観光客を襲う事件が起きた。

山の中腹からバスターミナルを目がけて駆け降りてきた熊は、まったく人間を恐れるそぶりを見せず、車のクラクションを鳴らし続けてもいっさい怯（ひる）まない。空腹でもないのに、ただただ人を襲い続けた。そのような行動は、一般的にいわれてきた熊の生態とまったく異なる。長年、多くの観光客と野生熊の接近が続いた結果、過去の常識が通用しないモンスターベアが誕生してしまったわけである。これも地勢的に熊と人間が関わる機会の多い日本ならではの特殊事情といえるだろう。

この乗鞍岳の事件では、死者こそ出なかったものの、杖（つえ）で撃退しようとした観光客は熊が振るった前脚の一撃で顔面の半分を潰され、片目がボロリと地面に落ちたという。発表された被害人数は重傷3人、軽傷7人ということだったが、救急車を使わず自家用車などで病院へ向かった負傷者も多数いたようで、被害の全容は判然としない。

こうした特異な事件が、今後は山間だけでなく、都市部でも広がることが危惧される。現在、山地から１００メートル以上離れた土地で熊被害が多数発生していることから、熊の生態の変質はもはや疑いようがない。これは日本人が受け入れざるを得ない事実となっているのだ。

２０２３年5月には、札幌市の森林で熊に遭遇したユーチューバーが持参のピザを投げ出し、それを食べて味をしめた熊がたびたび人里近くに現れるようになった一件もあった。

温暖化の影響で冬眠期間が短縮したせいか、これまで熊を見かけなかった時期の活動も報告されている。

自治体が熊の駆除に乗り出せば、「熊愛護」の観点から多くの批判の声が集まるが、昔ながらの自然保護や動物愛護の精神では、もはやアーバン熊に対処できなくなったと心得なければならない。いったん人里に降りることを覚えた熊は、駆除せずに捕獲という手段を用いて山へ返したところで、またすぐに人里に戻ってくるという。

ピザもそうだが人の食べ物は熊にとって圧倒的に美味で、覚えると何度も求めてくるという

©Midjourney2024

1915年（大正4年）12月9日
北海道苫前郡苫前村三毛別
長松要吉（59歳）は橋の桁材を伐採して
寄宿している太田家に戻った
ザク
ザク
太田家ではそのとき
あるじの三郎は出掛けており
内縁の妻・阿部マユ（34歳）と
預けられていた少年の蓮見幹雄（6歳）が
留守番をしていた
戻ったぞ
おい幹雄？
そだらとこで一人で
何してるだ

またおめぇ
何か悪さでも
して…
グ
ラ

ドサ
わっ!?

み…み
幹雄!?
ま…っ
マユさん
…!
は…

実録！三毛別羆事件
さんけべつひぐまじけん
人喰い巨大熊の恐怖
作画■こだま完

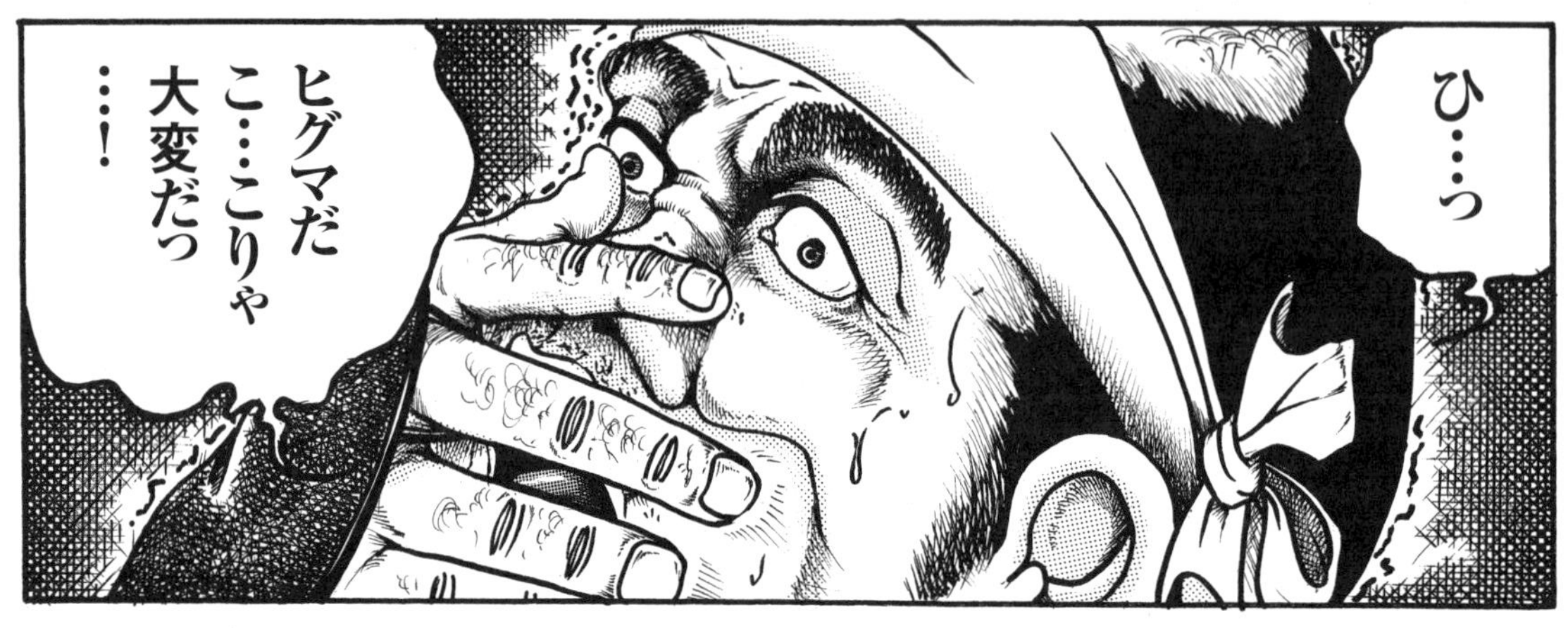

ひ…っ
ヒグマだ
こ…こりゃ
大変だっ
…！

すぐに鉄砲5丁を含む村人30人の捜索隊が
いなくなったマユを捜して
ヒグマの足跡を追った
こいつぁ
デカいぞ…
おそらく
〝穴持たず〟
じゃ…
穴持た
ず？
デカすぎて
冬眠する穴を
見つけられねぇ
ヤツじゃ
いま時分は
山に食物はねぇ…
空腹でかなり凶暴な
はずじゃ
それで
村に現れた
のか…
おいっ
あれ見ろ
…！
大きなトドマツの根元に
ひときわ大量の血痕…
雪の中から
マユの遺体の一部が
出てきた
と…
そのとき
ガサッ

うわああっ
う…撃て！撃たねえかっ！
だ…だめだ弾がっ出ねえっ…

ひいいっ
逃げろ～っ
逃げろ～
そのヒグマは
人間の肉の味を
覚えた…
遺体を隠したのは
保存食にする
ためだったのだ

翌日…
役場に事態を報告し
駐在所から援軍を呼ぶため
村人の斉藤石五郎（42歳）が
町へ向かった

そして…そんな中
さらなる悲劇が村を襲う
太田家から500メートル下流の
明景安太郎宅

家には妻のヤヨ（34歳）
長男の力蔵（10歳）
次男の勇次郎（8歳）
長女のヒサノ（6歳）
三男の金蔵（3歳）
四男の梅吉（1歳）と
町へ向かった石五郎の
身重の妻・タケ（34歳）
三男の巌（6歳）
四男の春義（3歳）
そして長松要吉の
10人がいた

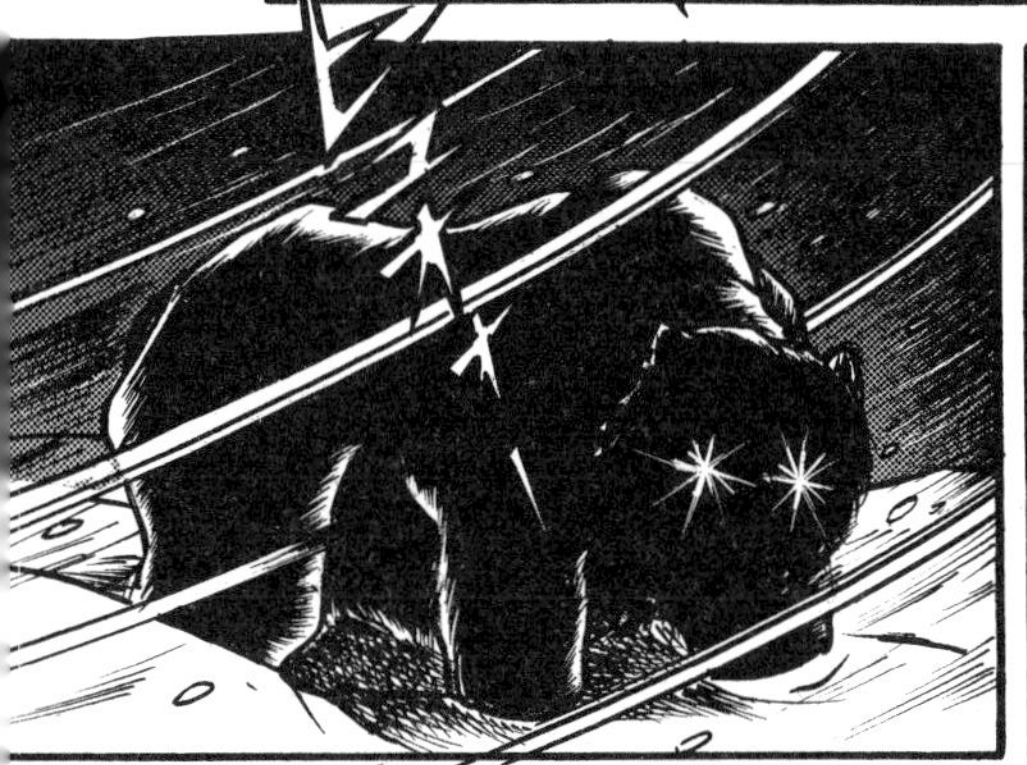

午後8時50分ごろ
ヒグマは突如
明景家に侵入し
次々に人を襲った
響き渡る悲鳴…
血しぶき…
家の中はまるで
地獄絵図だった

あ…
あわわ
ガタ
ガタ

妊娠中だったタケは
何とかお腹の子供を
守ろうとした…
腹は
破らんでくれ
のど…のどを
喰って殺して!

だが無残にも腹を裂かれ
胎児を引きずり出された上
タケは頭から喰われた

川上にいた男たちが
激しい物音と絶叫を聞き
明景家へ駆けつけた
しかし…すでに
なすすべがなかった
うっ
う…
人間を
喰ってやがる
んだ…

北海道庁警察部保管課により
ヒグマ討伐隊が組織され
近隣の青年会や消防団
アイヌにも協力を仰ぎ
さらに旭川の
陸軍第7師団歩兵30人も出動
討伐隊は延べ600人
アイヌ犬10頭
鉄砲60丁にのぼる
未曾有の討伐劇となった
人喰いヒグマは
徐々に追い詰められていく
そして…

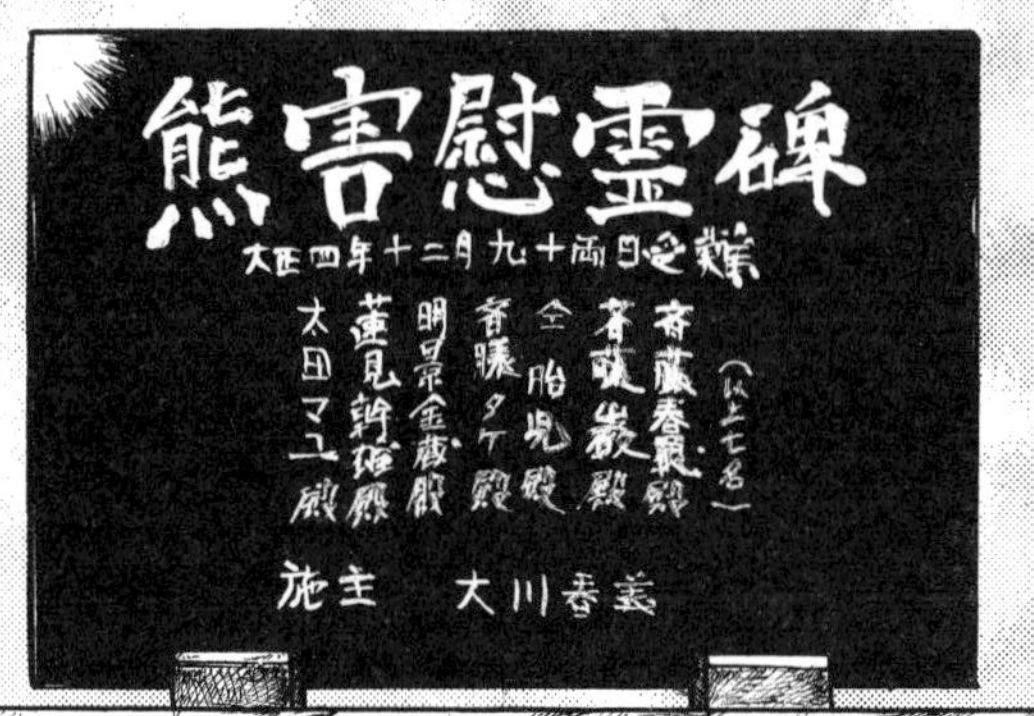

仕留めたのは
近隣の鬼鹿村に住む

山本平吉（57歳）
平吉の撃った弾丸は
ヒグマの心臓に命中し
続けて眉間を正確に捉え
ようやく事件は終わった
問題のヒグマは
金毛を交えた
黒褐色のオスで

身丈2・7メートルにも及ぶ
大物だった

死者7人と重傷者3人
熊の獣害としては
記録的な被害を出した
この事件は
現在も語り継がれ
熊害慰霊碑
施主　大川春義
三毛別には
当時の雰囲気を体験できる
『三毛別羆事件復元現地』
とともに
犠牲者を悼む慰霊碑が
建立されている

【終わり】 ※作中の人名などの名称は一部仮名にしてあります

日本「人喰い熊」残酷10大事件 1

「三毛別羆事件」史上最悪の熊被害

国内最多の死者数7名を出した、熊害の恐怖の象徴となった惨劇

■残虐度：10
■不運度：9
■恐怖度：10
■衝撃度：9

発生年月日●1915年12月9日〜14日
発生場所●北海道苫前郡苫前村（現：苫前町）
犠牲者数●死者7名、重傷者3名
熊種●ヒグマ

頭蓋の一部を残して喰い尽くされた遺体

日本史上最悪の獣害で、死亡7人（胎児を1人を含む）、重傷3人の被害者を出した三毛別羆事件。舞台となったのは、日本海沿いの苫前村（現・苫前町）を流れる三毛別川の河口から20キロほど上った山間部に暮らす開拓農家だった。

1915年の11月、トウキビなどの農作物がヒグマに荒らされる被害が増えたことから、村ではマタギ2人を雇って警備にあたっていた。だが12月9日に村の一軒が熊に襲われ、家主の内縁の妻と、養子にする予定でいた6歳の少年が殺害される。

少年の頭部は爪で穴が開いた即死状態。内縁の妻は餌（保存食）として屋外まで引きずられていき、翌日発見された遺体は脚絆を巻いた脚の膝下部分と、頭蓋の一部を残して喰い尽くされていた。

腹から胎児が引きずり出され……

村民は遺体を持ち帰って通夜を行ったが、そこにくだんの熊が乱入。奪われた餌（遺体）を取り返しにきたのだ。通夜の参列客たちはなんとか逃げおおせたが、興奮した熊は村内を駆け回り、500メートルほど離れた民家に窓を突き破って侵入する。

混乱の中で囲炉裏の炎は消えてしまい、熊は暗闇の中、家にいた10人に次々と襲いかかっていった。

帝国陸軍の将兵30名で人喰いヒグマを射殺

臨月だった妊婦の斉藤タケは、夫が熊の襲撃を駐在所へ伝えに向かっていて不在だったため一時的に上の子供2人とこの民家へ身を寄せていたのだが、そこを襲われてしまった。お腹の子を守ろうと「腹を破らんでくれ！」と叫んだが、願い空しく腹を引き裂かれ、頭から喰い殺されてしまう。悲鳴を聞いた他の村人が銃を抱えて駆けつけた時、腹から引きずり出された胎児はまだわずかに動いていたが、間もなく母を追って息絶えてしまう。

襲撃後の熊はなかなか見つからず、最終的には帝国陸軍の将兵30名が出動。事件発生から4日後の12月14日にようやく射殺した。この間に投入されたヒグマ討伐隊は延べ600人に及んだ。

なおこの件について、当初詳細な記録は残されていなかったが、同地に林務官として赴任した木村盛武が関係者たちからの証言をまとめて、1964年、旭川営林局の広報誌に「獣害史最大の惨劇苫前羆事件」と題して発表した。

以後、この事件は日本最悪の獣害として多くの小説や映画のモチーフとなり、広く知られることになった。

三毛別羆事件を再現した展示のある苫前町郷土資料館

取材・文■早川満

日本「人喰い熊」残酷10大事件 2

「石狩沼田幌新事件」史上2番目の熊害

解剖された熊の胃から大量の人骨と消化前の人の指を発見

■残虐度：9
■不運度：9
■恐怖度：8
■衝撃度：9

4名死亡、4名重傷の大惨事に

一度、人間を捕食した熊は何度も人を襲うという。「石狩沼田幌新事件」はその典型的な事例だといえる

発生年月日●1923年8月21日～24日
発生場所●北海道雨竜郡沼田町幌新地区
犠牲者数●死者4名、重傷者4名
熊種●ヒグマ

山道で少年を殺し逃げた母親を追って殺害

山間の開墾地である北海道の雨竜郡沼田村（現・沼田町）の幌新地区で行われた夏祭りの夜。人形芝居などの催し物がすべて終わってお開きとなり、村人たちは帰途についた。そんななか、山道の脇で小用を足してみんなから遅れて歩いていた19歳の青年の背後の茂みから、突如ヒグマが飛び出してきた。

青年は着物を引き裂かれながらもなんとか逃げ出し、前を行く集団に危機を伝えようとしたが、これがまずかった。熊は集団を先回りして、先頭を歩いていた13歳と15歳の兄弟に襲いかかった。そしておそらく最初の一撃で即死した弟の腹部を喰らい始める。

恐怖に駆られて逃げ出した集団は、そこから300メートルほど離れた農家に逃げ込むと、熊避けのため囲炉裏に薪をくべて火を強め、屋根裏や押し入れに身を隠した。

30分ほど経った頃、口の周りを血で濡らした熊が現れて、農家の周りをうろつき始める。身を隠していた者たちは、恐怖に耐え切れなくなり、手当たり次第に物を投げつけ、大声を上げてなんとか熊を追い払おうとした。これが逆に熊を刺激してしまう。熊は玄関戸を押し破って屋内に侵入すると囲炉裏の火を踏み消して暗闇の中で暴れまわる。

山道で喰われた少年の母親は、部屋の隅で震えていたところを襲われ、熊はこの母親をくわえたまま山中へ

取材・文■早川満

300人以上の討伐隊でヒグマ狩りに向かうも、さらなる犠牲者が……

引きずって行った。闇の中からは何度か叫び声が上がり、その後、かすかな念仏が聞こえてきたという。この被害女性は翌日、近くのやぶの中から、下半身をすべて喰われた状態で見つかった。

討伐に向かった狩人は翌日、無惨な死体で発見

ヒグマ襲撃の翌々日、近くの村から3人の狩人たちがやってきた。そのうちのひとりは状況を知ると「そんな悪い熊は俺が仕留める」と言い、周囲が止めるのも聞かずに単身で山中へ入って行った。だがこの狩人は、山中で何発かの銃声を響かせただけで、行方知れずとなってしまう。

翌24日には在郷軍人や近隣の若者たち300人以上の討伐隊を結成。本格的な山狩りに出動した。間もなくヒグマが現れ、最後尾にいた討伐隊のひとりを一撃で撲殺。さらに攻撃を続けたが、鉄砲部隊の一斉射撃によって射殺された。

その後、現場近くから行方不明になっていた狩人が、頭部だけを残して全身を喰い尽くされた状態で、折られた銃とともに発見される。

死後に解剖された熊の胃からは、大きなザルがいっぱいになるほどの大量の人骨が発見された。

最初に喰われた少年の兄は、あまりの重傷により死亡を伝えられていたが、奇跡的に命を取り留めた。そして後年に襲われた直後の様子を「口から吸った息が（裂けた）横の腹から出るから、グウグウってね、苦しい一方さ」などと語っている。

なお、同じ沼田町の近辺では、それまでにもたびたび家畜が殺傷される被害が起きており、1913年には通学中の小学生が内臓をすべて喰われる事件や、農作業中の女性が襲われて瀕死の重傷を負う事件も起きていた。これらの事件も同じ熊によって起こされたものだとする見方が強い。

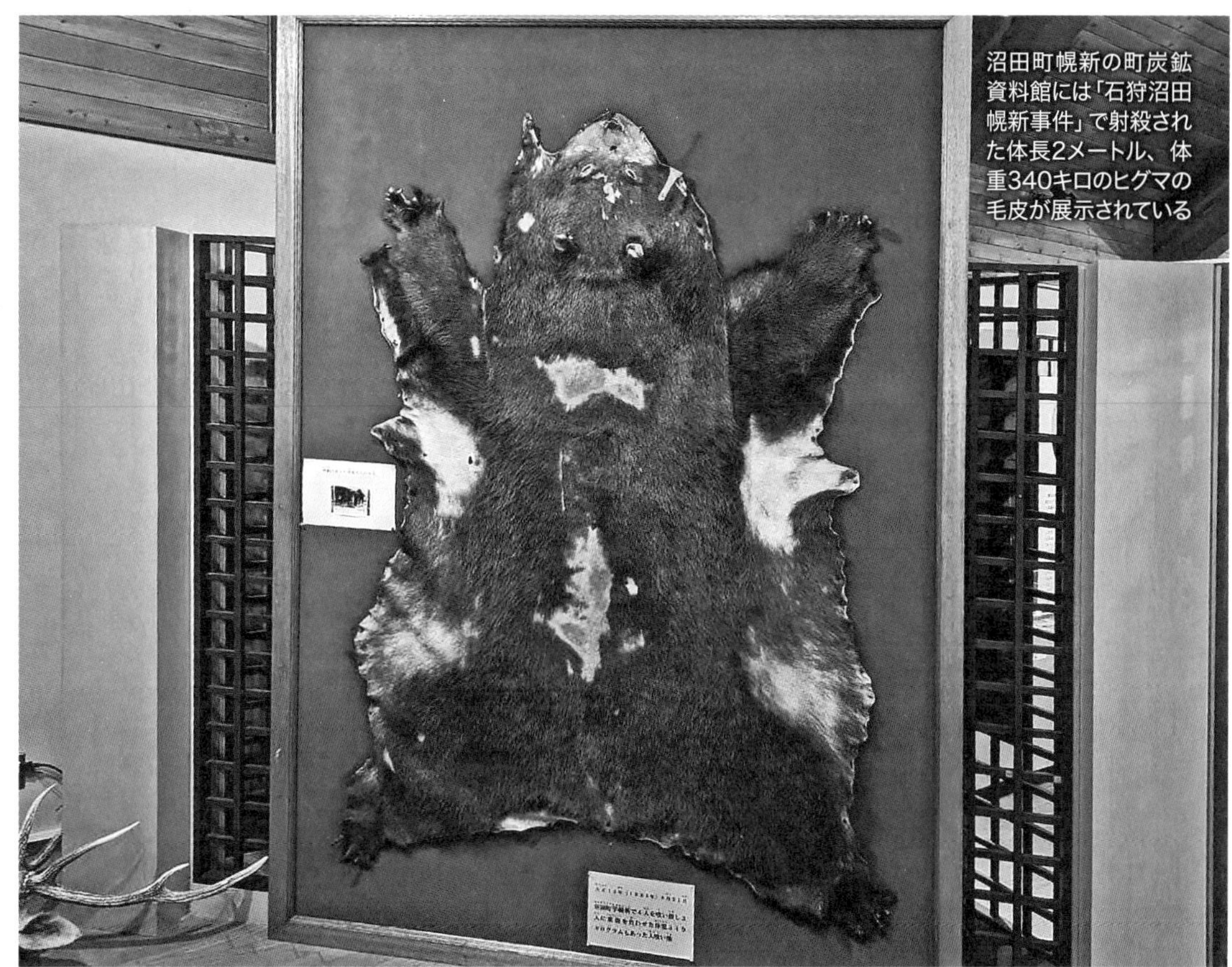

沼田町幌新の町炭鉱資料館には「石狩沼田幌新事件」で射殺された体長2メートル、体重340キロのヒグマの毛皮が展示されている

日本「人喰い熊」残酷10大事件 3

「十和利山熊襲撃事件」本州最悪の被害

人肉の味を覚えた〝複数〟の人喰いツキノワグマが起こした惨劇

発生年月日●2016年5〜6月
発生場所●秋田県鹿角市十和田大湯・十和利山
犠牲者数●死者4名、重軽傷者多数
熊種●ツキノワグマ

人肉の味を覚え餌として人間を襲う

日本列島全体では史上3番目、本州のツキノワグマによる人的被害としては最悪の事態が、2016年5月から6月にかけて秋田県鹿角市の十和利山で発生した。十和利山は十和田湖を囲む外輪山のひとつで標高990・9メートル。山麓一帯は自然休養林（レクリエーション用の施設を備えた森林）に指定されている。そこにタケノコ掘りや山菜採りに来ていた人たちが、次々と熊の襲撃を受けることになってしまう。5月の終わりから6月にかけて、わずか半月ほどの間で合わせて4人が熊害によって死亡。他にも多数の重軽傷者が発生している。

最初の犠牲者は地元の男性で、5月20日に行方不明になると翌朝、遺体となって発見される。顔面や左半身に多数の咬み傷や爪痕が残されていた。22日には、最初の遺体発見現場から500メートルほど離れた場所で秋田市からタケノコ掘りに来ていた夫妻が襲われ、妻は逃げ出したものの夫は頭部や腹部に多数の爪痕、咬み傷のついた状態で死亡している。

事件を受けて現場周辺は通行止めとされたが、もともと人気のレジャースポットだったため、タケノコ掘り目的で入山する者は後を絶たなかった。

そうして新たに男性一人、女性一人が熊に襲われ、殺されてしまう。タケノコは熊からしても好物であり、当初はそれを奪う人間たちを敵とみなしての攻撃とみられていた。だが4人の遺体は、いずれも熊に餌として喰われた痕跡が確認された。

6月10日になってようやく地元猟友会によって雌のツキノワグマが射殺される。この熊の胃の内容物の多

当初はタケノコ目的で事件地域に来ていた熊だが、一度、人肉の味を覚えてからは　人を餌とみなし襲うようになった

■残虐度：9
■不運度：9
■恐怖度：8
■衝撃度：8

取材・文■早川満

事件後もタケノコ採取目的で事件発生域に入山する人は減らず、秋田県警が検問を設置するなどして対策を行った

母熊の食性を引き継いだ子熊は人喰い熊として成長する

くは人肉だった。初夏のさほど餌に困らない時期であったにもかかわらず、それだけの人肉を食べていたということは、人肉の味を覚え、それを目的として襲っていたということに違いない。

生き残った人喰い熊が再び人間を襲う可能性

この人喰い熊が射殺されたわずか5日後、4人グループが別のツキノワグマに襲われる。このことで先に死亡した4人は、すでに駆除された一頭の個体によって殺されたのではなく、他に加害した熊がいた可能性が高まった。

さらに6月30日にも男性が襲われ頭に重傷を負ったが、これは死亡事件のあった場所から9キロほど離れた場所だったため、別の個体によって起こされたものと考えられる。

5月22日の事件で夫を殺された妻は、あまりの精神的ショックが原因で事故の目撃情報を語らなかった。しかし、現地での追跡調査で、2人目の犠牲者である夫を襲ったのは母熊で、小さな子熊3頭を連れていたことが判明した。子熊が母熊の食性を引き継ぐ可能性は高く、子熊たちは人喰い熊として成長しているとみられる。

また射殺された雌の熊は、繁殖期ということもあって雄の熊と行動をともにする姿も目撃されていた。

これまで日本で発生した熊による殺傷事件は、その多くが単独の熊によるものであり、その点で十和利山の事件は特異なものだった。他に襲撃に加わった人喰い熊が複数いたならば、それが現地で生き残り、再び人を襲い始めることも十分に考えられる。

秋田県では2023年の秋、ツキノワグマの大量駆除を行ったことで、動物愛護を訴える多くの抗議を受けることになる。だが、現在も十和利山周辺に人肉を好む狂暴な人喰い熊が複数潜んでいるかもしれないことを思えば、駆除は当然行われるべき処置だったとも思える。

日本「人喰い熊」残酷10大事件 4

「福岡大学ワンゲル部ヒグマ事件」の恐怖

獲物を奪われた怒りで人間を3日間も追い続けた雌ヒグマの執念

■残虐度：8
■不運度：7
■恐怖度：10
■衝撃度：8

発生年月日●1970年7月25～27日
発生場所●北海道静内郡静内町（現・日高郡新ひだか町静内高見）カムイエクウチカウシ山
犠牲者数●死者3名
熊種●ヒグマ

熊に奪われた荷物を取り返して始まった地獄

日高山脈を縦走する計画で入山した福岡大学ワンダーフォーゲル部の5人は、目標までの中間地点に当たるカムイエクウチカウシ山でテントを張ったところで若い雌（めす）のヒグマと遭遇。当時、まだヒグマの脅威が周知されていなかったこともあり、学生たちは熊を写真に収めるなどしてはしゃぎ、熊が荷物を漁り出しても全員で大きな音を立てるなどして一度は追い払ったという。

だが同日夜になって、再び熊が現れる。爪で引っかかれたテントにはこぶし大の穴が開き、熊は鼻息が感じられるまで接近してきたが、その後引き返していったんは無事に済んだ。

ようやく危険を察した5人は、夜が明けるとすぐに下山の準備を始めたが、そこにまたもや熊が現れる。

テントに逃げ込んだ学生たちは熊が入口から侵入しようとするのを、柱を引っ張るなどして5人がかりで止めようとしたが熊の力には敵わず、入口とは逆側から脱出。50メートルほど離れたところで様子をうかがっていると、ヒグマはテントを倒して食糧を漁り、その後に5人の荷物を次々と茂みまで運び、隠し始めた。

荷物には財布など貴重品が入っていたため、これをなんとか取り返したい。そこで5人のうち3人はその場に残って熊の様子をうかがうことにし、他の2人は救援を求めて下山を始めた。途中で出会った他大学のチームはそのまま下山することを提案した。しかし2人は仲間を残して逃げられないとして、救援要請を他大チームに依頼すると食糧や燃料を借り受けて、熊のところに残っていた3人と合流する。

事件現場のカムイエクウチカウシ山。事件当時、複数の大学の登山グループが山に入っており、北海学園大学のグループは同個体の熊に襲われたが無事だった

「学生たちの荷物＝自分の獲物」を奪われた怒りで人間を殺害

その頃、3人は熊のいなくなった隙を見計らって、荷物の大半を取り返していた。そうしてようやく5人揃って下山を始めたのだが、これが地獄の始まりだった。

頚動脈を断ち切られ出血で全身が真っ白に

「学生たちの荷物＝自分の獲物」を奪われた熊は激高して、学生たちを猛追する。

これに気づいた学生たちは日が暮れて真っ暗になった夜道を歩き続けたが、熊は執念深く追い続け、ついに最後方にいた一人が捕まってしまう。暗闇から悲鳴が上がり、格闘する物音が聞こえた。

のちに救助隊によって発見された遺体は、衣服をすべて剥がされ、全身に爪痕が残り、腹部はえぐられ、顔面は当人と認識できないほど激しく損傷していた。頚動脈も断ち切られ、全身が真っ白になるほどの出血があったという。

一人目が襲われる騒動のなか、もう一人がはぐれてしまい、残った3人は熊が来たらわかるよう、傾斜の激しい岩場で夜を明かした。だが朝になると周囲に深い霧が立ち込めており、下山に向けて行動を開始したところで熊と正面から遭遇してしまう。パニック状態になったリーダーの学生が逃げ出すとヒグマはこれを追いかけ、リーダーの学生は〝3人目〟の犠牲者となってしまう。

実はこの直前、はぐれていた一人も他のグループが残していったテントで一夜を明かした際に熊の襲撃を受け、こちらが2人目の犠牲者となっていた。遺体の状態は2人とも最初の一人と同様、全身の衣服を剥がれ、止めに頚動脈を切られていた。

残った2人だけはなんとか下山し、砂防ダムの工事現場へ逃げ込むと、そこで車を借りて中札内村の駐在所で保護された。

その後、猟友会のハンター10名による一斉射撃で熊は射殺されたが、胃の中から犠牲者の体の一部や持ち物などは見つからなかった。

つまり熊の攻撃は人間を食べるためではなく、「学生たちの荷物＝自分の獲物」を奪われた怒りからだったのだ。

ヒグマはきわめて執着心が強く、一度ヒグマが奪ったものや捕食したものを取り返すことはヒグマと敵対する無謀な行為とされる

日本「人喰い熊」残酷10大事件 5

「札幌丘珠事件」冬眠から目覚めた熊が暴走

冬眠中に猟師に撃たれた空腹のヒグマが、人間＝餌を襲い続けた悲劇

■残虐度…8
■不運度…7
■恐怖度…8
■衝撃度…9

原型がわからなくなるまで人間を喰い荒らす空腹の熊

発生年月日●1878年1月11～18日
発生場所●北海道石狩国札幌郡札幌村大字丘珠村（現・札幌市東区丘珠町）
犠牲者数●死者3名、重傷者2名
熊種●ヒグマ

餌を求めて札幌市街を駆けずり回るヒグマ

札幌市民の憩いの場として知られる円山公園がある円山。標高225メートルで、その大部分は今でも原生林で覆われ、北海道開拓が本格化する前にはヒグマの棲みかでもあった。

1878年1月11日、その円山で札幌在住の猟師が冬眠中のヒグマを見つけた。当時道民にとって熊肉は貴重な栄養源であり、冬眠中は脂肪ものっているためとくに美味とされていた。毛皮なども高値で売れることから猟師は喜び勇んで銃を構えたが一発で仕留めることができず、目覚めた熊の逆襲を受けて殺されてしまう。

突然眠りを妨げられた手負いの熊は、冬眠中で空腹だったことも手伝って暴走状態に突入。餌を探して札幌市街の全域を駆けずり回った。

まだ北海道開拓の初期だったとはいえ、札幌市の中心部には3000人ほどが住んでいた。狂暴な熊を放置するわけにもいかず、1月17日には札幌警察による駆除隊が編成される。

駆除隊によって熊はほどなく発見されたが、市街を中心に逃げ回り、折悪しく猛吹雪となり足跡が消えたことで見失ってしまった。

熊は森林地帯へと向かったが、冬の森に空腹を満たす餌はない。さまよう熊は深夜になって、丘珠村へたどり着いた。

当時の丘珠村は、山中で木炭づくりを営む数百人が住む小さな集落で、熊はそのなかの一軒の小屋に目をつける。

小屋は木と藁でつくられた簡素なもので侵入するのはたやすい。異変を察知した家主は入口へ向かうが、

冬の山林はきわめて食料に乏しく、おのずと熊は餌を求めて人里に向かうことになるという

冬眠を妨げられ目覚めた熊は「穴持たず」より凶暴化するという説もある

人喰い熊の胃から出てきた赤ん坊の両手と大人の腕

戸を開けた瞬間に熊の一撃を受けて昏倒(こんとう)してしまう。

家主の妻は生まれたばかりの息子を抱いてなんとか小屋の外へ逃げ出したものの、頭皮が剝がれるほどの一撃を後頭部に受けて、息子を雪の中に落としてしまう。それでも命からがら逃げ続け、近くに住む雇い人に助けを求めて2人で小屋へ戻った。

だが、すでにその時、熊は雪の中に投げ出してしまった息子に喰らいついているところだった。さらに助けにやってきた別の雇い人も返り討ちに遭い、自身も重傷を負っている妻はその惨事を呆然と見ていることしかできなかった。

夜が明けて熊が去ったあと、小屋へ戻ると、夫である家主の体は原型がわからなくなるまで喰い荒らされていた。

異常に膨らんだ熊の胃袋を切開

熊は18日の昼頃になって、事件現場近くで駆除隊に発見され、射殺される。死骸は札幌農学校（現・北海道大学）に運ばれ、教授の指導のもと学生たちが解剖することになった。

異常に膨らんだ熊の胃を、学生の一人がメスで切り開くと、消化された内容物とともに人間の髪の毛や赤ん坊の両手と頭巾、歯形のついた大人の腕などがドロリと流れ出た。

胃の切開を行う前の休憩時間、一部の学生たちはこっそり熊の肉片を切り出して用務員室の炭火で焼いて食べていた。しかし、胃の内容物を見るや急いで解剖室から駆け出し、喉に指を入れて熊の肉を吐き出したという。

なおこの時の胃の内容物はすべてホルマリン漬けにされている。また熊の死骸も剝製にされ、現在も北海道大学付属植物園に保管されている（現在一般公開はされていない）。

事件の翌年に北海道を訪問した明治天皇はこの人喰い熊の剝製を天覧しており、それが報じられることによって、札幌丘珠事件は世に広く知られることになった。

日本「人喰い熊」残酷10大事件 6

「戸沢村人喰い熊事件」成長した小熊の復讐

戸沢村で人間によって飼育された小熊が人喰い熊に成長した説も存在

■残虐度：9
■不運度：8
■恐怖度：7
■衝撃度：9

発生年月日●1988年5月25日、10月6日、10月9日
発生場所●山形県戸沢村
犠牲者数●死者3名
熊種●ツキノワグマ

臀部と両脚の大腿が削ぎ落とされた遺体

1988年5月25日、山形県戸沢村に住む男性が、朝に山菜採りへ出かけたまま帰らないと警察に連絡が入った。

この時すでに夜9時を回っていたが、男性の家族や地元消防団員ら約30名が付近の山林を捜索すると、およそ1時間後に沢で仰向けに倒れている男性が発見された。着衣はボロボロに破れ、臀部や両脚の大腿が背後から削ぎ落とされていた。熊に襲われたことは明白だった。

遺体搬送の人手を待つ間、数人が現場に残っていると、暗闇から物音が聞こえてくる。懐中電灯を向けた先に熊の姿が浮かび上がった。全員で威嚇の声を上げ、石を投げつけるなどして撃退を試みると熊は暗闇に消えていった。

熊の再襲撃のおそれがあるため、この夜は現場を離れ、翌朝5時に遺体は回収された。検視の結果、男性は背後から熊に襲われたのち、沢に転落して亡くなったことが判明した。

熊の駆除に向かった地元猟友会の6名は27日から1週間にわたって現場周辺で探索を行ったが、発見することはできなかった。

それからおよそ4カ月が経った10月6日。クルミを採りに山へ入った村の女性が戻らないと家族から警察へ捜索願が出された。女性は普段から通い慣れている自宅からほど近い山裾に出かけたようで、道に迷うなどの疑いはないという。

しかし、翌朝に女性はクルミの木の下で亡くなっているところを発見された。右腕と両脚の肉が削ぎ落とされていた。付近には遺体を引きずったような跡と、25センチほどの熊

熊は知能が高く、小熊から育てれば人間に懐いて飼育も可能（現在は個人の飼育は禁止）

右腕と両脚の肉が削ぎ落とされた状態で見つかった被害女性の遺体

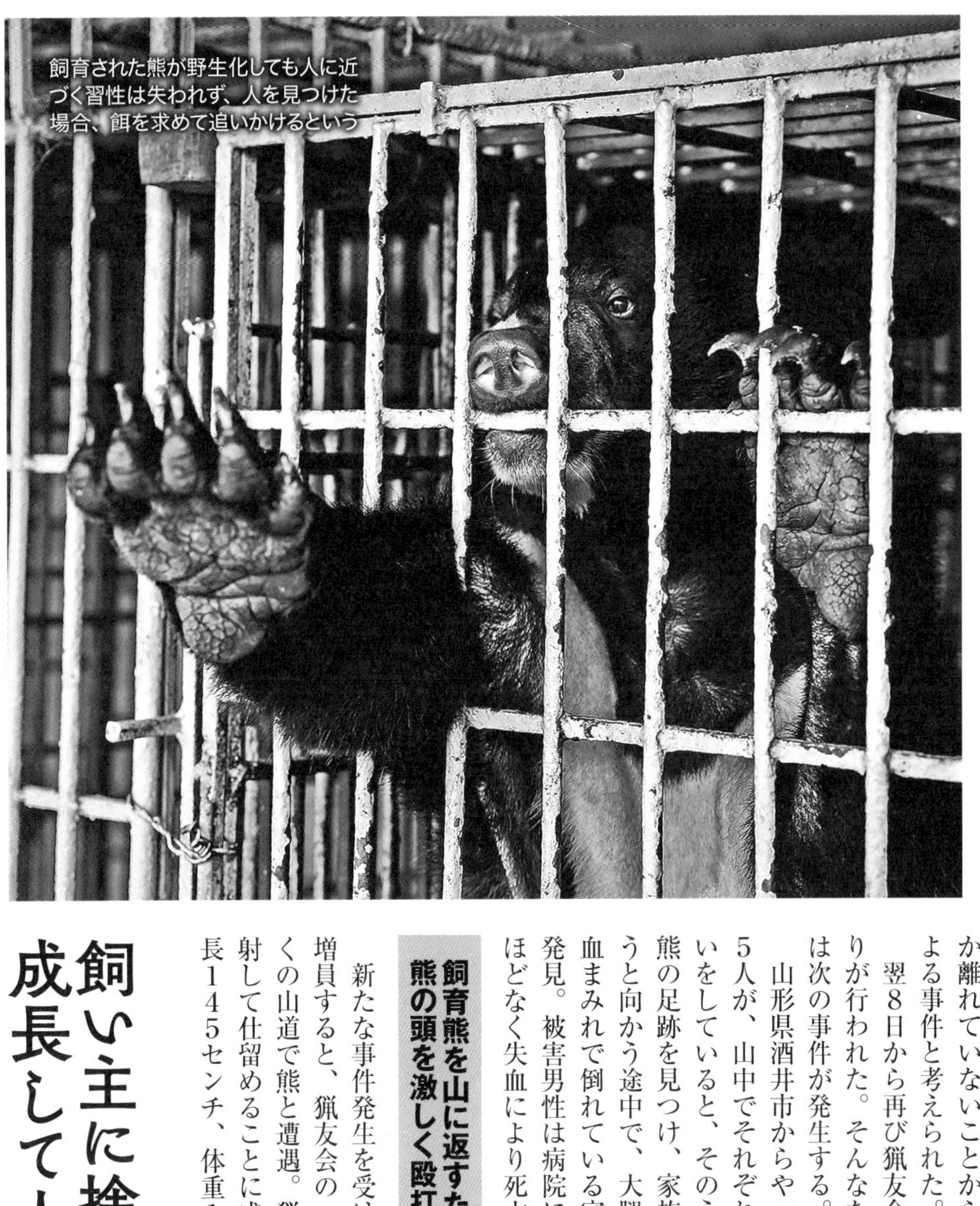
飼育された熊が野生化しても人に近づく習性は失われず、人を見つけた場合、餌を求めて追いかけるという

の足跡が見つかった。周辺の木々には熊が樹皮を剥いだ跡があった。

遺体の発見場所は、先の5月の事件の現場から200メートルほどしか離れていないことから、同じ熊による事件と考えられた。

翌8日から再び猟友会による熊狩りが行われた。そんななか、9日には次の事件が発生する。

山形県酒井市からやってきた家族5人が、山中でそれぞれ別れて栗拾いをしていると、そのうちの一人が熊の足跡を見つけ、家族に知らせようと向かう途中で、大腿を咬まれて血まみれで倒れている家族の男性を発見。被害男性は病院に運ばれたが、ほどなく失血により死亡する。

飼育熊を山に返すため熊の頭を激しく殴打

新たな事件発生を受けて熊狩りを増員すると、猟友会の一人が現場近くの山道で熊と遭遇。猟銃2発を発射して仕留めることに成功した。体長145センチ、体重100キロほどの雄のツキノワグマだった。

解剖の結果、この熊は9日に男性を襲った個体と判明したが、先の2人を襲った熊と同じかどうかはわからなかった。

検視を続けるうち、この熊の頭骨に損傷のあることがわかった。実は事件発生前、戸沢村では子熊を飼育する村民がいた。その子熊が成長して育て切れなくなったため、山へ放そうとしたのだが、熊は飼い主に懐いて離れようとしない。そのため飼い主は持っていた棒で熊の頭を激しく打ちつけ、無理やり山へ戻した。

その時の熊が飼い主に捨てられたことの恨みを晴らすため、人間を襲ったのではないか……。

あくまでも推論にすぎないし、実際のところ熊にそのような感情があるか否かもわからない。頭骨の傷も別の理由でできたものだったかもしれない。

いずれにせよ熊が突如人間を襲い、餌とする危険な存在であることは間違いない。

飼い主に捨てられた飼育熊が成長して人間を襲った可能性も

日本「人喰い熊」残酷10大事件 7

発生年月日●2012年4月20日
発生場所●秋田県鹿角市「八幡平クマ牧場」
犠牲者数●死者2名
熊種●ヒグマ

「秋田八幡平クマ牧場事件」脱走グマの襲撃

十分な餌を与えられず飢餓状態にあった熊たちに襲われた女性従業員

■残虐度…8
■不運度…7
■恐怖度…8
■衝撃度…9

6頭の熊が牧場内の運動場から脱走

2012年4月20日の朝8時、冬期閉鎖中の「八幡平(はちまんたい)クマ牧場」では春の営業再開に向けて、男性従業員一人が除雪作業を行い、女性従業員2人はヒグマの冬眠房を開放して運動場に放つ準備をしていた。

運動場は地面から深く掘り下げられ、周りを高さ4・5メートルのコンクリート壁で囲まれた構造になっていた。

午前9時頃にヒグマたちは運動場へ出てきたが、間もなく「熊が逃げ出した！」と女性従業員の叫び声が場内に響き渡った。男性従業員が目を向けると、叫んだ女性が逃げるところに一頭の熊が襲いかかり、咬みついていた。

男性従業員はもう一人の女性従業員の名前を呼んだが応答はない。嫌な予感がするなか、急いでクマ牧場の経営者に電話連絡し、続いて近くに住む地元猟友会会員の家へ向かい、事態を伝えた。

午前10時頃には経営者から緊急要請を受けた警察と救急隊が牧場出入口に到着し、遅れて男性従業員と猟友会員たちがやってきた。

牧場に向かう途中で高台になっている国道から見下ろすと、場内の凄惨な光景が目に飛び込んできた。横たわっている遺体らしき物体を、2頭の熊が餌を奪い合うかのように引っ張り合っていたのだ。

正午あたりになってようやく県警から射殺許可が発令され、猟友会の面々は次々と熊に向けて発砲した。

運動場から逃げ出したのは6頭だったが、いずれも牧場外までは出ていなかったため、ほどなく4頭が射殺された。2頭はプレハブ小屋に隠れたが、これを重機で破壊して、夕方4時頃には逃げ出した6頭すべてが始末された。

襲われた女性従業員2人はすでに絶命していた。熊たちに執拗にいたぶられたことで腕が千切れ、顔は原型をとどめないほどグチャグチャで、どちらがどちらの遺体かわからないほどだった。それぞれの死因は頸椎(けいつい)骨折と外傷性ショックで、いずれも即死だったという。解剖された熊の胃からは人間の肉片や毛髪が確認された。

餌を奪い合うように遺体を引っ張り合った2頭の熊

除雪作業で積み重なった雪山を足場にして脱走

その後の調査で、熊たちは壁際に積み重なった雪を足場にして壁を乗り越えて脱走したと判明。

男性従業員は除雪作業の際、無造

事件によって閉鎖される前の八幡平クマ牧場事件

取材・文■早川満

赤字続きで熊は満足に餌を与えられず飼育環境の改善を求められていた牧場

作に熊の運動場へ雪を投げ入れており、それがいつの間にか雪山のようになっていたのだ。

さらに悪いことに、八幡平クマ牧場は赤字続きで、熊たちは満足に餌を与えられず、恒常的に飢餓状態にあったといい、それが食害に繋がった。

事件を受け、八幡平クマ牧場のヒグマをすべて受け入れたくまくま園（阿仁熊牧場）

施設自体も老朽化が進んでおり、自治体関係者や動物愛護団体から飼育環境の改善を幾度も求められていたが、とくに対策を講じないまま事故は起きてしまった。

クマ牧場の経営者と、除雪を担当していた男性従業員は安全管理を怠ったとして、業務上過失致死容疑で逮捕され、罰金50万円の略式命令が下された。

このクマ牧場はもともと2012年秋には赤字を理由に廃業する予定だったことから、事故後は休業となり、そのまま同年6月に閉鎖された。

残った熊たちは、県による殺処分も考えられたが、様々な団体から支援金や支援物資が寄せられたことから、北秋田市の「くまくま園」に移されて、終生保護飼育されることになった。

秋田八幡平牧場

クマに襲われ2人死亡

おりの外 逃げた6頭射殺

20日午前10時5分ごろ、鹿角市八幡平字切留平の秋田八幡平クマ牧場から「おりからクマが逃げ出し、従業員がかまれた」と119番があった。ヒグマ6頭がコンクリート塀で囲まれたおりから逃げ出しており、同日午後、クマに襲われた女性2人の遺体が塀の外側で見つかった。遺体には、かみ傷とみられる複数の傷があった。

事件を報じる『秋田さきがけ新聞』（2012年4月21日付）

日本「人喰い熊」残酷10大事件 8

「風不死岳事件」繁殖したヒグマの人間狩り

入山自粛要請を無視した山菜採りグループを次々に襲ったヒグマ

■残虐度：8
■不運度：7
■恐怖度：8
■衝撃度：8

発生年月日●1976年6月4〜9日
発生場所●北海道千歳市風不死岳
犠牲者数●死者2名、重傷者3名
熊種●ヒグマ

人喰いヒグマの歯の間にからまっていた人毛

ヒグマによる人身事故が続発した風不死岳

地名の「風不死＝ふっぷし」とはアイヌ語で「トドマツのあるところ」を意味する。トドマツは樹高20メートル以上にもなる巨木だが、1954年の洞爺丸台風で風不死岳のトドマツの多くが倒れてしまった。トドマツがなくなったことは、ヒグマの好物ドングリを実らせるミズナラなどの生育においては好条件となり、そのため風不死岳で熊の繁殖が盛んになったとされる。

1976年の6月、その風不死岳でヒグマによる人身事故が続発した。まず4日には笹のやぶを伐採していた作業員が、腰や大腿を咬まれて大ケガを負う。仲間が駆けつけた時にはまるで餌を運ぶかのように引きずられていたが、付近に停めていたブルドーザーのエンジンを爆音で鳴らすと、熊はこれに怯えて逃げていった。

翌5日にも、苫小牧市から山菜採りで山に入ったグループが襲われ、1人がふくらはぎを咬まれる重傷を負った。この時も仲間が大声を上げたことで熊は逃げ出し、最悪の事態を逃れることができた。

これらの事件を受けて、道警は各署に警戒を強めるよう通達。千歳市では付近に看板を立てて注意をうながし、広報車を走らせて入山を自粛するよう呼びかけた。

ヒグマ出没を無視した浅はかな山菜採り

そんななか、9日に11人のグループが山菜採りのために入山してしまう。彼らのなかには前年にも風不死岳で山菜採りをした者がおり、気安さもあった。だが、ヒグマの出没を把握していたにもかかわらず山に入ったことはあまりにも浅はかだった。

3台の車で山裾の国道に乗りつけた11人のグループは、正午に落ち合う約束を交わしてそれぞれに入山。昼頃にはほとんどの者が麻袋いっぱいの山菜を抱えて戻ってきたが、仲間のうちの3人の姿が見当たらない。仲間が山に引き返して探しにいくと、国道から200メートルほど入ったところで倒れている仲間の一人を発見した。後頭部を一撃され、両脚の肉が喰いちぎられていた。

それでもまだ息があり、なんとか運び出して車で病院へ搬送し、その途中で通りがかりの車に警察へ通報するよう依頼した。

続けてまだ戻ってこない2人を探すため、恐る恐る山に入っていくと、最初の被害男性を救助した地点から

事件現場となった風不死岳。山菜採りのスポットとして知られるが、ヒグマの生息密度の高い場所でもある

取材・文■早川満

風不死岳事件で生き残った被害者は、ヒグマの襲撃後に大声を出し続けて退散させており、絶体絶命の状況でも最後まで諦めないことが大事だとわかる

手足の肉のほとんどを喰い尽くされていた犠牲者

15メートルほどのところで別の仲間がうずくまっているのを発見。だが周囲にヒグマの気配が感じられたため近づくことができず、いったん車まで戻った。

午後3時頃に警察官11名と猟友会の7名が到着して、改めて救助に向かうと、やぶの中から熊が現れ、襲いかかってきた。猟友会の面々が至近距離から一斉に発砲すると、熊は何発もの銃弾を受けながら一度は逃げ出したが、10メートルほど進んだところで倒れ、絶命した。推定4歳の雌で、歯の間には人毛がからまっていたという。

その後、うずくまっていた仲間の救助に向かったが、現場で死亡が確認された。さらに捜索を続けると、そこから50メートルほど離れたところでもう一人の遺体が発見される。両手足の肉のほとんどが喰い尽くされ、頭部には大きな裂傷があった。2人の死因はいずれも外傷性失血死だった。

最初に救助された男性はなんとか一命を取り留める。熊に脚に喰らいつかれながらも、気丈に大声を出し続けたことが奏功し、熊が逃げていったという。

この1976年は全道的に雪解けが遅かったため、熊の冬眠明けが遅くなった。このため、熊の活動が活発になる時期が後ろ倒しになり、山菜採りのシーズンとバッティングしたことも、事件の背景にあったとされる。

暴れグマ ついに殺人 風不死岳

二人死に一人重体

タケノコ採り 国道わきで襲撃

人食い雌四歳 直後に射殺

風不死岳事件を伝える『北海道新聞』1976年6月10日付

日本「人喰い熊」残酷10大事件 9

「下富良野少女ヒグマ襲撃事件」の悲劇

家に押し入ってきた複数のヒグマに襲われた留守番中の11歳少女

発生年月日●1904年7月20日
発生場所●北海道下富良野村(現・南富良野町幾寅)
犠牲者数●死者1名
熊種●ヒグマ

■残虐度：7
■不運度：8
■恐怖度：8
■衝撃度：7

ヒグマの咬合力は人間の7倍以上で、ライオンの2倍弱ほどとされる。獲物の骨は食べ残すことが多いが、牙で粉々に砕くことも可能

喰い尽くされた少女の臀部と両脚の肉

1904年7月20日、下富良野村で農業を営む夫婦が夕刻に帰宅すると、一人で留守番をしていたはずの11歳の娘の姿がなかった。

室内は荒らされ、家の周りにはヒグマの足跡がいくつも残されていた。ただならぬ事態が起きたことは明らかで、夫婦はこれを近隣の村民たちに伝えると、協力を得て娘の捜索を始めた。

しばらくすると家から50メートルほど離れたところに点々と続く血痕が見つかる。これをたどって、さらに50メートルほど進むと、木の枝に布切れが引っかかっていた。娘の着物の一部だった。

「人肉食を学んだ人喰い熊の子孫たち」によって引き起こされた事件が続発

残酷すぎる描写で少女の遺体の状況を伝えた当時の地元紙

辺りが暗くなってもなお、懸命に娘の行方を捜し続け、家から６００メートルほど離れた林の中で、変わり果てた娘の姿を見つける。臀部と両脚の肉はほとんど喰い尽くされ、体全体に無数の爪痕が残され、周囲には内臓が飛び散っていた。

その後、娘を襲った熊の捜索は続けられたものの、結局見つけることはできなかった。

当時の地元紙『北海タイムス』が「下富良野少女ヒグマ襲撃事件」と題して報じた記事によれば、熊が農家を襲ったのは正午頃。２、３頭連れの大熊が家の中に押し入ってくると、娘は隣家へ助けを求めようと慌てて逃げ出したが、一頭が飛びかかって娘を組み伏せた。そうして抵抗の機会を与えることなく近くの草むらまで引きずっていき、そこで娘を喰らったのだという。

また『小樽新聞』によれば、娘の被害の様子について「頭の骨は剝げて顔もわからず、大腿骨から腰の辺り、臀部、陰部に至るまで肉は一面に噛り取られ、四肢の関節はいずれも離脱せるなど、さながら茹蛸のごとく、惨絶の光景に人々は覚えず眼を覆った」と伝えている。

「人間は餌だ」と子熊に教えた母熊

『北海タイムス』は「２、３頭の大熊」と報じたが、成獣のヒグマが複数で行動することはほとんどない。そのため、これは子熊を連れた母熊であったと考えられる。

ヒグマは生後４カ月になった頃から一定期間、母熊と子熊で行動をともにして、子熊は母熊の捕獲した餌をともに食べることで、狩りや食事の摂り方を覚えていくという。

そうなると、この事件で母熊は、子熊たちに「人間は餌だ」と教えたことになる。母熊が人間の子供を捕える様子を見ていた子熊たちはきっと「人間は、ウマやシカなどよりもずっと簡単に捕食できる」と学んだだろう。

実際この事件後、下富良野の周辺で長期にわたり、熊が人を襲う事件が起きている。

そのうちのいくつかを紹介すると、１９０８年４月には富良野町内で、腹部と大腿部が喰われて内臓が露出した高齢の行脚僧が発見された。死後しばらく時間が経っていたようで、僧の体は凍っていたという。

１９０９年には、近くの山道で人夫の脚が転がっているのが発見された。その後の調べで、周囲から頭蓋骨や足袋を履いた足先の部分などが散乱しているのが見つかっている。

１９１５年には、下富良野村からさほど離れていない村で、体を引き裂かれた状態の老婆の遺体が馬小屋で発見された。

これらの事件はやはり「人肉食を学んだ人喰い熊の子孫たち」によって引き起こされたと推測できるのだ。

この事件で「人間は餌で、簡単に捕食できる生き物」と母熊から学んだ小熊たちの子孫が、現在も同地域に生息している可能性は高い

日本「人喰い熊」残酷10大事件 10

「土産物店飼育熊人喰い事件」のずさんさ

土産物屋の飼育ヒグマに少年客が殺害された12年後、店主も落命

■残虐度：8
■不運度：7
■恐怖度：7
■衝撃度：8

事件当時、北海道では個人でヒグマを飼うことは珍しいことではなった

発生年月日●1969年9月15日、1981年6月22日
発生場所●北海道川上郡弟子屈町屈斜路の土産物店
犠牲者数●死者2名
熊種●ヒグマ

番犬代わりにヒグマを飼育することが珍しくなかった北海道

飼育熊のいる柵内に入り込んだ少年

かつて北海道では、家畜や人を害獣から守るため、道知事に申請して飼育許可を得たうえで、番犬代わりに熊を飼育することが珍しくなかったという。

摩周湖や屈斜路湖で知られる北海道の弟子屈町の土産物店でも、同様の許可を得て雄と雌のヒグマ2頭を飼育していたが、そこで悲惨な事件が起きてしまう。

5歳の息子を連れて屈斜路湖畔をドライブしていた会社員男性は、土産物店に到着したところで車の不調に気づいて修理を始めた。幼い少年はおとなしく待っていられず、たまたま土産物店を訪れていた父親の知人に連れられて、土産物店周辺の散策を始めた。

少年は、そこで飼育されていた熊を見つけると、柵のそばまで一目散に駆け寄っていった。柵のそばで熱心に熊をながめる少年の様子を見て、知人男性は「しばらくはおとなしくしているかな?」と考えて、つい目を離してしまった。

そこで事件が起こる。熊に触りたいと思って自ら柵を乗り越えたのか、どこか隙間から入り込んでしまったのか、少年が熊のすぐそばにまで近づいていたのだ。

柵内にいる少年を目にした知人男性は救助しようと急いで駆けつけたが、すでに手遅れだった。熊は瞬く間に少年に襲いかかり、脇腹に深く咬みついてそのまま2度3度と振り回し、地面に叩きつけた。

飼育担当者は棒で突くなどしてなんとか熊を追い払ったが、少年の出血はおびただしく、すぐさま病院に運び込まれたものの1時間後には死亡が確認された。

当初は病院で輸血する際に血液型を間違えた医療ミスで亡くなったとされたが、その後、熊から受けた傷が右脇腹から骨盤にまで達していたことが死因であったと訂正されている。

少年の死後もヒグマの飼育を続けた土産物店

少年から目を離してしまった知人男性に問題があったことは確かだが、加えて土産物店のずさんな管理体制

7頭の飼育ヒグマに襲われ咬み殺された土産物店の店主

にも少なからず責任があった。

事件以前から熊の柵の劣化が目立ち、そもそも柵だけで囲っていることが危険だとして地域の警察や町役場からは、柵全面に金網を張るなどの強化を実施するよう幾度も勧告されていた。しかし店主は新たな対策を立てることなく、熊の飼育を続けていた。

それでも事件後には新たな檻をつくるなど安全対策を行ったのだが、それから12年後、今度は土産物店の店主自身が熊に襲われてしまう。

悲鳴を聞いた店主の長男はすぐに駆けつけたが、すでに檻の中では店主が血まみれになって倒れていた。倒れた店主の周りを熊が興奮した様子でうろついていた。

当時この土産物店では、以前に事件を起こした熊とは別の、成獣3頭と子熊4頭の合計7頭のヒグマが飼育されていた。

普段から熊の世話をしていたのは店主の妻だったが、事件当日はたまたま店主が代わりを務めていた。店主からすれば、熊たちはよく知ったペットのようなもので、とくに脅威は感じていなかったのだろう。しかし熊にしてみればこれまで接触することのなかった見知らぬ人間である。それが急に入ってきたことに驚き、恐怖に駆られて店主を攻撃した。

また、事件当時はヒグマの繁殖期にあたり、そのせいで興奮状態にあったことも事故の一因と考えられる。

店主の長男はすぐに地元の猟友会を呼び、成獣3頭を射殺して店主を救出したが、その時点ですでにかなりの損傷を負っていた。後頭部が陥没し、大量の出血で全身が真っ赤に染まったその姿は、素人目にも「生存の可能性はない」とわかった。

少年の死亡事件から12年後、店主自身も咬み殺されてしまうという皮肉な結果となってしまったわけである。

なお北海道ではこの事件以外にも、飼い熊に殺される事件が過去に何度となく起こっている。

現在も北海道での熊の飼育は道知事の許可が必要だが、個人に飼育許可は出されないため、熊の飼育は不可能となっている

第三章

知っておくべき熊の「恐怖生態」

「アーバン熊」の被害に日本中が慄(おのの)いた2023年だったが、自分自身が熊害に遭わないためにも熊の特異な生態は知っておくべきだ。この章では熊の専門家である大学教授と現役のマタギのインタビューをはじめ、「クマ対策」に役立つ熊の生態情報を網羅した。これまでの常識が通じないアーバン熊への対処法が明らかに――。

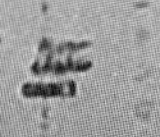

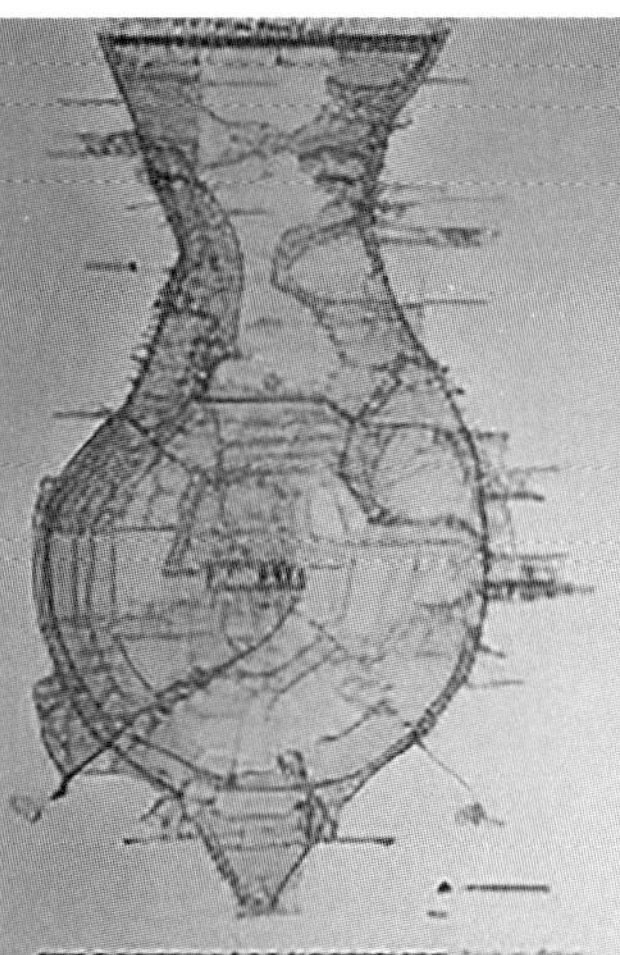

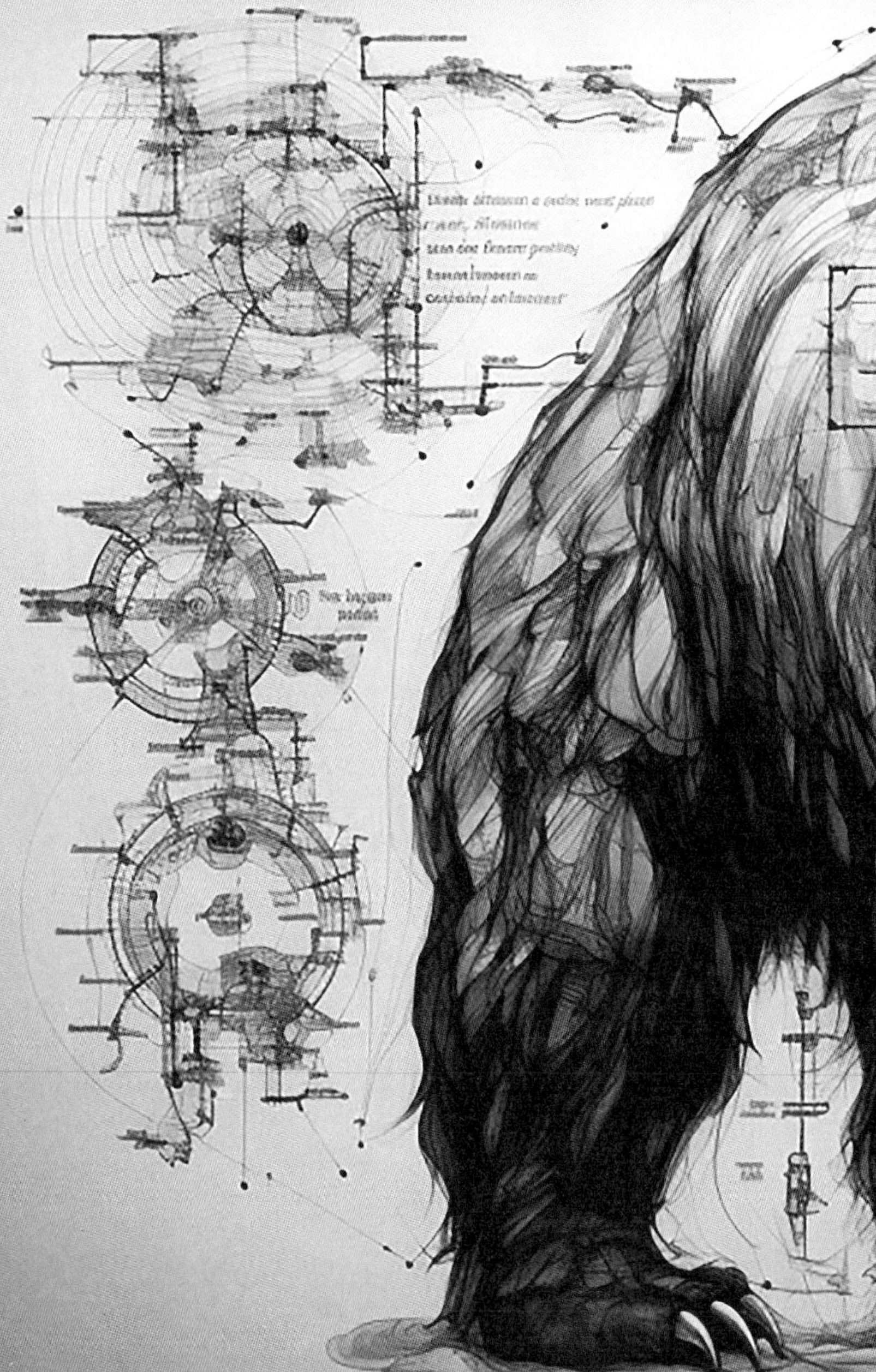

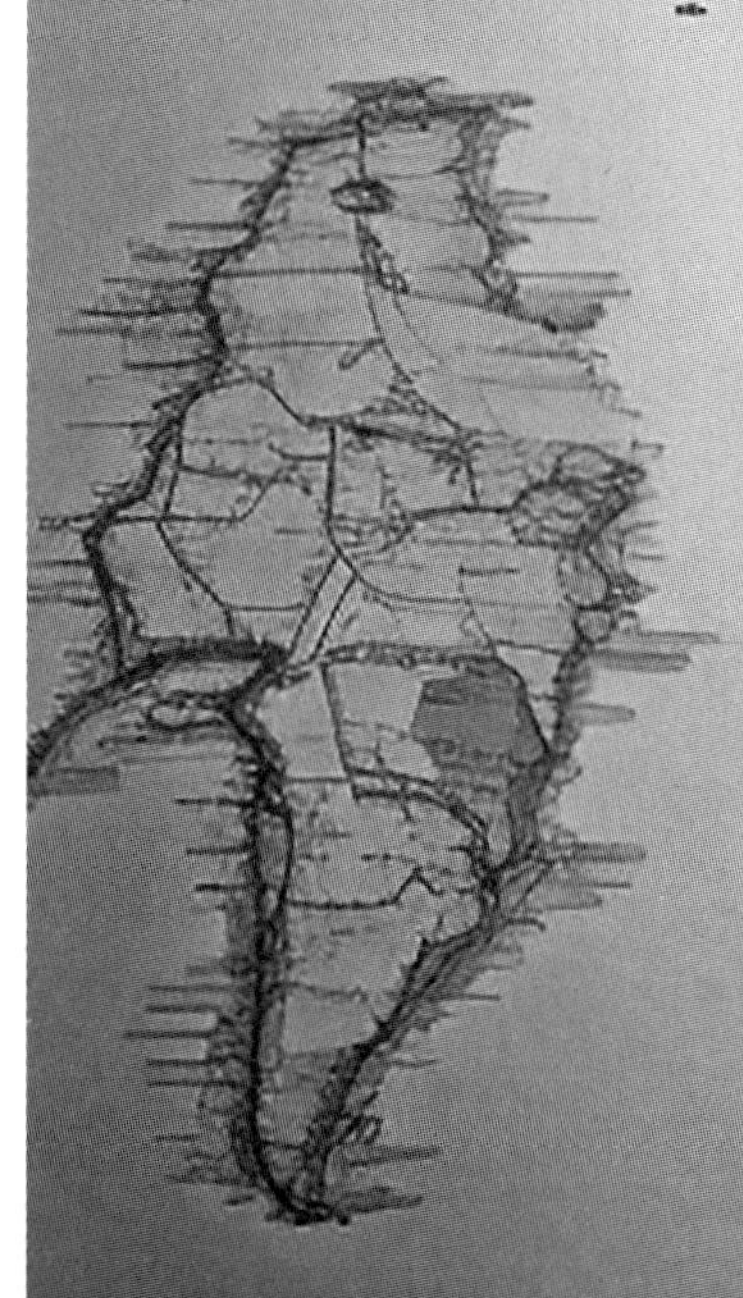

北海道大学大学院獣医学研究院教授／北海道大学総合博物館館長・坪田敏男氏インタビュー

クマ博士が教える『クマ対策』
山と街ですべきこと

「人に近づくと食べ物にありつけた」「人を襲ったら人を餌にできた」といった〝成功体験〟を学習した熊は山でも街でも危険！

坪田敏男
つぼた・としお●北海道大学大学院獣医学研究院野生動物学教室教授／北海道大学総合博物館館長。専門は野生動物医学で、40年来クマ類の繁殖と生態を研究。著書に『日本のクマーヒグマとツキノワグマの生物学ー』（東大出版会）など。

取材・文■清談社

〝成功体験〟を持つ熊がもたらす菜園や畜産への被害

本来の熊は〝ほぼ草食獣〟餌の8～9割は植物

2023年は日本各地で熊（ヒグマ・ツキノワグマ）の出没情報や被害報告が相次いだ。NHKの報道によると、同年4～10月の熊による被害者数は少なくとも172人で、2006年の統計開始以来、同期間では最多件数を更新。2023年の半年間だけで、2021年と2022年の年間での被害者数を上回った。

〝熊大国〟の異名を持つ北海道においては、2023年だけで6500件以上もの出没情報が寄せられ、過去最多を記録。ここにきて熊の出没情報や被害が顕著に増えているのはいったいなぜなのか。今回、その原因を探るべく、北海道の在来種であるヒグマの生態に詳しい、北海道大学教授・坪田敏男氏に話をうかがった。

坪田氏によれば、ヒグマの餌資源に例年と大きく異なる点があったという。

「熊の餌の8～9割は植物で、残り1～2割はアリやハチなどの昆虫です。あとはごくたまにシカなどの肉を食べる程度なので、ほぼ草食獣と言っていいでしょう。2023年はヒグマの餌となるドングリや果実の生り（なり）が軒並み悪かったことが、出没の多さに影響していると考えられます。冬眠に入る前の餌が不足することはヒグマにとっても死活問題ですから、人里に出没してまで餌を求めるということになります」

熊のほうから近づいて人を襲うことは稀

2023年は、たまたま数年に一度ある生りが悪い豊凶サイクルに当たってしまっただけともとれるが、熊の分布域が広がり、人の居住域に近いところまで彼らの生息地が広がっているのが出没の大きな要因になっていることも、坪田氏の見解だ。

北海道にはおよそ1万頭のヒグマが生息し、2023年は道内で熊の襲撃による死亡事故が2件発生している。5月には幌加内町の朱鞠内湖で、釣り客の男性が熊に襲われ死亡。10月には、福島町の大千軒岳で消防隊員の男性3名がヒグマに襲われ2名が負傷したことを発端に、ヒグマに襲われたと見られる男子大学生の遺体が発見された。

「熊は本来とても臆病で慎重な動物で、人の存在を怖がり、人を避けて行動します。熊のほうから積極的に近づいて襲ったと思われるこれらの事故は、大変稀なケース。朱鞠内湖の件は、若い熊が好奇心から人に近づいてきたか、あるいは、以前に人に近づくと何か〝いいこと〟があるという学習をしたことがある個体だったのかもしれません」

〝いいこと〟とは、人を襲ってそのまま食べることができた、というストレートな意味もあれば、人が持っている食べ物にありつけたといった意味も含まれる。2023年の北海道の死亡事故2件は山中での出来事だが、人里で起きている菜園や畜産への被害も、食べ物にありつけた成功体験があってのものだとされる。

人間社会にも影響を与える熊の増減による生態系の乱れ

坪田氏は、「熊が出たらハンターを派遣して撃ってもらう」といった対処療法に走るのではなく、熊の管理を徹底して行い、熊被害の根本原因にアプローチしなければならないと考えている。そのために坪田氏は、次の3つの柱を提唱する。

「1つめは、『熊の数の管理』です。熊が増えすぎても、逆に減りすぎても生態系が乱れてしまうため、個体数を適正に保つために数の調整を行うべきです。2つめは『生息地の管理』。熊の棲みかを保全して与えてやり、彼らが棲みかからはみ出て人の居住域に侵入しないように、見回りをして発見したら追い返すといったことも必要になります。そして最後の3つめは、『熊による被害の管理（農作物被害や人身被害を減らすための管理）』です」

九州のツキノワグマはすでに絶

自宅庭の栗の木や柿の木の撤去も有効

ヒグマの生態はいまだ謎だらけで、餌の豊凶による行動範囲の変化も未知数なまま

滅し、四国のツキノワグマも絶滅寸前というところまできている。坪田氏によれば、このような種の絶滅は生態系を乱し、人間社会にも害を及ぼすこともあるという。

「日本でオオカミが絶滅したことで、被捕食者であった野生のシカが増え、食害に悩まされている地域も少なくありません。森林を代表する捕食者側の大型動物である熊までいなくなってしてしまったら、生態系のバランスはさらに崩れることでしょう。そうした人間社会にも害をなす可能性のある事態を防ぐためにも、『熊の数の管理』をしっかりと行い、森にとっての適正な捕食者を残しておく必要があります」

「生息地の管理」については、行政や地域による環境づくりが重要だという。

「熊が出没する際には、必ず身を隠せるようなルートをたどってやってきます。熊の生息域と人里の間の草を刈り払い、不要な木や枝葉を切って見晴らしをよくすることで、熊も人里に近寄りにくくなるはずです。これは行政主導で行うべきことです。

また、個人レベルでできる被害管理としては、民家の敷地にある栗の木や柿の木といった熊が好む果実の木を取り除いておくこと。そしてなにより、一般市民もきちんと熊に対する知識を備えて、熊に出会わないためにはどうしたらいいか、万が一出会ってしまったらどう対応したらいいかを知っておかねばなりません」

3つめの「熊による被害の管理」はどういう効果をもたらすのか。

「熊被害の状況を正確に把握して、データ化することが大事です。これに関してのシステムづくりは行政の仕事になります。熊被害の正確なデータを用意し、一般市民に熊の被害や行動に対する正確な知識を持ってもらう。そのうえで対処してもらうことで、確実に熊被害は減らせます」

熊被害の根本原因にアプローチする〝3つの柱〟

❶ 熊の数の管理
❷ 生息地の管理
❸ 熊による被害の管理

対処法が困難な〝バッタリの出会い〟を回避するための〝予防行動〟が命を守る

最悪なケースは熊とバッタリ出会うこと

前述のとおり、熊は非常に慎重な行動をとる動物のため、人の存在に気づけば基本的に近寄ってこない。

「人が山に入る時は、音を鳴らしたり、見通しの悪いところでは大きな声をあげることで、こちらの存在を熊に知らせることが大事です。北海道の山を訪れる手慣れた登山者の方々は、みんなヒグマ避けとして鈴を身につけて歩いていますよ」

さらに、外出する時間帯にも気をつけたいところだ。

「普段、熊は昼行性で、とくに朝方と夕方に活動が活発になるため、それらの時間帯は山に入らない。熊がいそうなところには近づかないように心がけましょう。また、単独行動は避けて、集団で行動することも大事です。複数人でいれば話し声や気配が大きくなるので、人の存在を熊に知らせやすくなります」

パニック状態にある人里に侵入した熊には、山でのクマ対策は通じない

では、いざ熊に遭遇したとして、まず我々がとるべき行動は何か？

坪田氏は、「慌てて逃げるのは絶対にＮＧ」と釘をさす。

「逃げるということは、野生動物の本能を呼び覚まさせ、追いかけて獲物を捕えるという行動に転じさせてしまいます。その場から動かずに、まずは落ち着いて熊がこちらの存在に気づいているのか、何をしようとしているのかを観察してみることです。人との距離が近すぎて熊が怒っているのか、まさに攻撃を仕掛けようとしているのか、といったところを判断したうえで対応しましょう」

熊がこちらを認識していると思われる場合は、落ち着いて距離をとることが大事だという。熊は、十分に離れていれば攻撃を仕掛けてくることはないので、できるだけゆっくりと後ずさって、距離をあける。ここで考えうる最悪なケースは、互いに近くにいるのに気づかず、近距離でバッタリ出会ってしまうこと。距離が離れている場合は音や声を出すことは有効だが、熊が突然目の前に現れた場合は、音を出すとかえって刺激になってしまうおそれがある。

「いきなり近距離で対峙すると、熊もびっくりして人を襲ってくるかもしれません。しかもそれが親子熊だったら、親が子を守るために攻撃を仕掛けてくる可能性はいっそう高くなります。だからこそ、バッタリ出会わないようにするために、あらかじめ音や声を出してこちらの存在を熊に知らせなければならないのです」

人里で熊を見つけたら身を隠す場所の確保を

人が熊の生活圏（山）に入っていく場合の対策を挙げたが、逆に、熊が人の居住域に積極的に近づいてきた場合は、また事情が異なってくる。

「熊が人の居住域に侵入してしまうと、熊は相当パニックを起こし、正常な行動をとらないと考えてください。多くの場合は興奮状態に陥っているので、いくら音や声を出しても、効果はありません。もちろん、猫よけやカラスよけを熊にかざしても意味をなしません。人里で熊が視界に入ったら、すぐさま建物に入るなど、安全な場所を確保しましょう」

間違っても「餌やるからどっか行け！」と叫んで、庭に生ってい

山での「クマ対策」

1. 大きな音で人間の存在を熊に知らせる
2. 朝方と夕方には山に入らない
3. 山では集団で行動するようにする
4. 熊に出会ったらゆっくりと後ずさって逃げる

熊が餌を求めて民家の軒下や小屋に隠れていることもある

熊を殺さなくても済むような“前段階”での取り組みも重要に

る果実などの手近な食べ物を与えてはいけない。

「それは『人に近づいたら食べ物をもらえた』という成功体験を熊に与えてしまうことになるため、絶対にやってはいけません。その場しのぎにはなるかもしれませんが、再び熊が餌目当てで人里におりてくるでしょう。そうなったら、一般市民ができることはなくて、行政がハンターに依頼して撃ってもらうのみです」

“熊大国”北海道で遅れる行政によるクマ対策

島根県や兵庫県、長野県など一部の自治体では、行政組織のなかに鳥獣や熊対策専門の部署を設けて、包括的に管理・対策を行っている。また、近年の熊の大量出没を受けて、秋田県でも新たに専門家の雇用に向けて動き出している。

しかし、同じく熊問題が顕在化している北海道では、本腰を入れた行政による取り組みはまだ見られないという。

「熊が出たら猟友会に依頼してハンターに出動してもらうという、今まで長く続いてきた体制から抜け出せないんだと思います。狩猟は趣味の世界ですし、ハンターはあくまで有志で出動してくれているだけです。そのことを忘れてはなりません」

大日本猟友会が発表した2017年度の狩猟免許交付数の年代別の割合は、20代が4%、30代が8%、40代が12・1%、50代が13・9%、60代以上が61・7%と、還暦以上が過半数を占めている。交付数自体は1980年度が46万件以上だったのに対し、2017年度は半数以下の20万件にとどまった。

「ハンターはどんどん高齢化して母数も減っているので、近い将来、このハンター依存の体制は破綻するでしょう。一般市民の方からは『熊をなるべく殺さないでほしい』という意見も多数あがっていますし、熊を殺さなくても済むような前段階での取り組みも重要です。先にも述べたとおり、熊の数の管理、熊の生息地の管理、熊による被害の管理——これらも含めて取り組むことのできる専門家を各地に配置し、地道な対策を行っていくべきです」

熊が恐ろしい存在であることに変わりはないが、その特徴を少しでも知っておくことで“殺すか、殺されるか”の極端な二択に直面する場面はいくらか減らせるのかもしれない。

北海道大学大学院の研究室「野生動物学教室」では、ヒグマにGPS機能付きの首輪をつけるといった手法で、より詳しい生態の調査を進めている

マタギ頭領・鈴木英雄氏インタビュー

マタギが教える至近距離で〝命を守る〟最終クマ対策

熊は〝山の神からの授かりもの〟とし畏敬の念を絶やさないマタギが抱える「熊駆除問題」「後継者不足」への苦慮

鈴木英雄
すずき・ひでお●マタギ。マタギ発祥の地とされる北秋田市阿仁地方の打当（うっとう）地区でマタギの家系に育ち、打当マタギのシカリ（頭領）を務める。マタギ歴は約60年で、熊に関する講演会の講師や、マタギ志願者への指導も行う。フジテレビ系『ザ・ノンフィクション』の「マタギ修行の若者たち」で紹介されたこともある。

背中を向けて熊から逃げるのはもってのほか

２０２３年は山林だけでなく人の生活圏での熊の目撃情報が目立ち、人身被害も例年以上に報告された。実際に熊被害が起きた地域では、「人と会えばまず熊の話題」「高齢者はなるべく一人で街を歩かせない」というレベルで誰もが警戒心を持っている状況だった。

とはいえ、山から民家にまで活動範囲を広げている熊の出没行動を人間側が理解して避けて歩くことは難しい。実際に熊と出くわした時、果たして、人が太刀打ちできる有効な手段はあるのか？

この問題に対処する方法を探るべく、秋田県阿仁（あに）地方のマタギの家系に生まれ、約60年のマタギ歴を持つ鈴木英雄氏に聞いた。

「マタギなら猟銃を持っているから熊も怯むが、丸腰の人間じゃできることはかぎられる。ただ確実に言えるのは、熊は警戒心が強く人間を恐れる性分で、人に攻撃するのは自分や家族を守るため。本来、決して人を喰おうとかそんなんじゃない。だから昔から言われていることだけど、熊鈴でもなん

取材・文■清談社

傘を勢いよくバッと広げて熊を退散させてことも

でも音を出して『ここに人間がいるよ』って出くわす前に伝えてあげるのは一つの手だろうな」

鈴木氏は山に不慣れな人を案内して歩く機会も多く、そこでの経験でわかったのは、集団でおしゃべりをしているだけで、熊を近づけない対処法になるという。それほど熊は音に敏感で人を恐れている。

それでは、実際に熊に出会ってしまった場合の有効な方法はあるのだろうか。

「熊が人間と対峙して襲ってくるのは、たいがいがびっくりして気が動転しているから。だから私がたまにやるのは、大声を出すこと。するとよりおっかながって逃げてったりするよ。あとはうちの祖父が、かつて手元にあった傘を勢いよくバッと広げただけで熊が逃げてったとも聞いたことがある。

熊の急所の「鼻っ柱」への一撃が至近距離での〝一か八か〟の対処法

誰でもできるいちばん無難な方法は、熊から目をさらさずにそっと後ずさりしていくことだな。熊のことをなんも知らない人がやりがちな『死んだふり』は、あまり効果はない。熊には『逃げるものを追う』っていう習性があるから、背中を向けて走って逃げるなんてのはもってのほかだ」

いざとなったら杖でドンとやってみるしかない

熊とある程度の距離がある遭遇での対処法ですら、素人は命の危険を感じる。しかし、最も危険で、対処がきわめて困難とされるのが「至近距離での熊との遭遇」だ。鈴木氏には、この絶望的なシチュエーションにも〝一か八か〟の対処法があるという。

「一撃を狙うなら、熊の急所の鼻っ柱。いちばん敏感なところだから、嫌がる熊が多いんだ。だから山に入る時には杖くらいは持っていって、いざとなったらそれでドンとやってみるしかない。ただ、ガムシャラに熊の図体や頭を叩くのだけは絶対にやるな。もし、鼻っ柱を叩いてもダメなら、熊は人間を襲う時、なぜか頭ばかりを狙ってくるから、その場に伏せて頭だけは守るようにしたほうがいい」

人間が熊の鼻っ柱を攻撃するとは、本当に命をかけた最後の対処法だ。そう考えれば「熊と至近距離にならない」ことがいかに大事かが理解できる。

また、車に乗っている時に熊と出くわした際の注意点もあるという。

「熊もさすがに自分よりデカい車まで攻撃して、中の人間を襲うようなことはしない。だから道路で出くわしても冷静にしてれば、熊は勝手に山に帰っていくことが大半だ。ただ、実際にあった被害で、熊を轢いたと思ってすぐに停車して、熊がどこにいったかを確認しようと車のドアを開けた瞬間に襲われたって話もある。だからもし轢いたと思っても、いったん現場から移動してある程度の距離をとってから確認したほうがいい」

ペットの散歩中に熊に襲われるケースも起きている。２０２３年10月1日には、秋田市で散歩中だった48歳男性が顔と手足を負傷。同月28日には秋田県大館市の農道で犬といた80代男性が右足のつけ根を襲われている。

「経験上、連れている犬の性格によって熊への反応はまったく違う。熊を見るなり恐れて飼い主の後ろに隠れるならまだいいけど、興奮

人里に熊が現れても法律により猟銃が使えないエリアがある

「朝一番にシャッターを開けたら熊がいた」という話も聞くほど、2023年は熊が人里に近づいてきているのを感じたという

して熊に向かって猛進するタイプもいる。そうなると、たとえ飼い主が銃を持っていても犬に当たるリスクがあるからうまく対応できない。丸腰ならどうやって犬を守ればいいのかも難しいところだな」

熊と60年向き合ってきた鈴木氏でも、いまだに熊への緊張感を絶やすことはなく、毎回状況をうまく見定めながら臨機応変に対応を考えるしかないという。一般人にできることは少ない。とにかく熊と遭遇する機会を減らす行動に務めることが大事なのだ。

素直に言えば、熊がかわいそうだとも感じている

専門家の分析によると、そもそも2023年の熊被害の多さの要因は、熊の食料となるブナやブドウ、クルミが前年に豊作だったために熊の個体数は増えたものの、2023年は食料の実りが悪く、未熟な熊たちが食べ物を求めて人里に降りてきたことがあるとされる。

その異変を、熊が生息する山に隣接する集落で暮らすマタギたちは敏感に感じていた。鈴木氏は、2023年の熊の発生状況をこう振り返る。

「マタギたちの間でも2023年は山の木の実の生りが明らかに悪いという話は早くからあった。お盆を過ぎて里山のほうのクルミは順当に生っているのを見て、危機感を感じていたら、本当に人里まで熊が進出してしまった。だとしても本来熊は人間のことを恐れる性質だから、田んぼや道路への出没が多かったのはやはり違和感が大きい。熊の生態自体に変化が起きていることも頭をよぎったよ」

鈴木氏や仲間のマタギの間では、もう一つ気になることがあったという。

「親子らしき2頭の熊を見かけることが多かったのが印象的だな。親子ともに腹を空かしてたんだろう。そんな親子の熊が人間に遭遇したら、親熊が小熊を守るために人間を襲うのは仕方のないことだと思う。マタギの風習で小熊は撃たないと決まってるから、親子で仕掛けの檻に入っていた時は、親熊は仕留めるけど、小熊はそのまま逃す。なかには雪が降ってからも冬眠できずにさまよってる小熊もいて、そういう時は『腹を満たして早く冬眠しな』って思いで近くにリンゴを差し入れたりもした。春になって出てきたら、爆竹でもまいて、もう集落にはこないようにしつけしようと思ってたんだ」

「小熊を撃たない」という教えがあるマタギの習わしだが、熊そのものの存在はどのように位置づけているのだろうか。

「我々の土地では熊は〝山の神からの授かりもの〟という考えだ。山の神ってのは先輩のマタギから代々伝えられた話。昔きこりが夫婦で山中で暮らしていて、奥さんは毎日、山仕事に出かける前に夫

熊も人間も、山の神からしたらどちらかの立場が上というわけではない

がやけに身なりを整えてたのを不思議がった。それである日こっそり旦那のあとをつけてくと、ちゃんと仕事はしてた。だけど、よく見ると足場の悪い所で作業する旦那の体を、女の人が脇で支えていて、それが山の神らしい。

ただ、驚いた奥さんがその姿を見て声を上げたら、山の神はつい手を放してしまい、旦那は滑落（かつらく）したという。

私たちの仕事もきっとその山の神が支えてくれているから山に入る時には身なりをしっかり整えるし、熊を授かった時には、『ケボカイ』と呼ばれる山の神に感謝する儀式を必ずやる。そもそもマタギってのはそういう仕事で、熊だって運がいい人しか出会えない相手だったのに、最近は熊を檻の罠で駆除することを考えなきゃならないのは心苦しい」

熊猟に熊犬を用いるマタギもいる

熊に対して特別な思いを持つ一方で、人間の被害が絶えない現状は、熊を大切に思うマタギにとってはツラいものだという。

「山に入って熊と対峙しても、銃を構えるよりも先にまずカメラを向けてしまうことがある。すぐに襲われてもおかしくない距離で、危ないと思っていてもその姿に心を奪われることがいまだにあるんだ。もちろん人間への被害はあってはならない。けど熊も人間も、山の神からしたらどちらかの立場が上というわけではないはず。山を歩く時はいつもお互いの存在を気にかけながら、時に駆け引きをして歩いている感覚だってある。そういう存在の熊を闇雲に駆除して、それで解決する問題なのか。素直に言えば、熊がかわいそうだとも感じている」

お金にならない仕事になってしまったマタギ

熊の行動範囲の拡大に加え、もう一つ問題視されているのが世代交代に伴うマタギの減少だ。鈴木氏が生まれ育った北秋田市阿仁地区はマタギ発祥の地とされ、その始まりは平安時代前後。1960年代には200人以上のマタギがいたが、今では40人弱にまで激減している。

マタギ不足は高齢化と人口減で避けられない問題

「以前は高く売れていた熊の毛皮が売れなくなったし、お金にならない仕事ではあるから仕方ないんだろう。もう今は狩猟解禁の時期になっても、マタギ猟に必要な人数が揃わない日も珍しくない。私の家系は代々マタギを継いできて、私で9代目。だけど、息子はもう阿仁を出て会社勤めだし、とうとう自分の代で終わりだろうという覚悟も、ある程度決めてるんだ」

とはいえ、鈴木氏によれば、ここ数年は希望も見え始めているという。

「最近、自然に触れていたいと志願してくる若者が少しだけどいて、私のところに『マタギを教えてください』って集まってくる。こないだも、広島と東京の若い子らが修行してったよ。なかには秋田でリモートワークをして、空いた時間に修行する子もいる。だから、マタギ不足は人口減とともに避けられないだろうけど、マタギの絶滅ってのは意外ともう少し先かもしれない。そういう希望は本当にありがたい」

熊を山の神からの授かりものとし、畏敬の念を絶やさないマタギの存在は、これから先、熊と人間との関わり方を考えるうえで欠かすことはできないはずだ。

鈴木さんはマタギに興味を持つ若者に「他に稼げる職を見つけてほしい」と話す

動物愛護の観点から批判にさらされる「クマ牧場」の功罪

「町おこし」としての成功を期待されたかつての人気観光スポットの現在

虐待と劣悪な飼育環境を疑われ熊を「見世物」にする姿勢も問題に

〝熊大国ニッポン〟の象徴として日本各地にクマ牧場が続々と誕生

動物園や水族館に比べ容易に開業できるクマ牧場

世界一の熊大国ニッポン。その象徴が全国各地に存在する「クマ牧場」の存在だろう。現在、国内における熊の飼育頭数は1200頭に及ぶとされるが、その半数近くをここで取り上げた主要6カ所のクマ牧場が占めている。

クマ牧場の名を全国に知らしめた「元祖」が、北海道登別の「のぼりべつクマ牧場」（1958年開業）だろう。ここがクマ牧場のビジネスモデルを構築したといっていい。

同年には「熱川バナナワニ園」が開園したように、この時期から1970年代にかけ、戦中に閉鎖されていた動物園・水族館の建設ラッシュが始める。戦後の復興も落ち着き、生活が豊かになるなかで手頃なレジャーとして動物園ブームが巻き起こったわけだ。

とはいえ、珍しい動物を集め、それを飼育するのは簡単ではない。その点でクマ牧場は、国内に生息する熊を集めることで容易に開業することができる。しかも熊は高い環境耐性、強い雑食性で飼育がしやすい。さらに野生動物にしては人になつきやすく、頭もいい。芸を仕込むことでイルカやアシカのように子供たちが喜ぶ「ショー」を売り物にできるのだ。

水族館は大量の海水を必要とするため海沿いにしかつくれない。その点でもクマ牧場は山間部に多い「温泉街」と相性がよかった。その後、次々と生まれたクマ牧場が温泉街との組み合わせなのは、「のぼりべつクマ牧場」の成功ぶりが影響しているのだ。

こうして「昭和新山熊牧場」「定山渓熊牧場」（ともに1969年開業）、1973年には「阿蘇熊牧場（現・阿蘇カドリー・ドミニオン）」、「奥飛騨クマ牧場」（1976年開業）と続き、クマ牧場は人気の観光スポットとなっていく。その後もバブル景気と過疎対策（町おこし）として〝成功

取材・文■西本頑司

しやすい〟クマ牧場は、地方自治体から期待され、「秋田八幡平熊牧場」（1987年開業）、「阿仁マタギの里熊牧場」（1990年開業）と主要7カ所のクマ牧場が誕生する。

とくに秋田県阿仁町が町づくり特対事業として1億8000万円をかけてつくったクマ牧場は、開業から1年で入場予定人員を突破し、唯一の自治体運営（当初の運営は民間委託）ながら、見事に成功を収めた。現在でも2万人近い集客力を誇っている。

1990年初頭には定山渓熊牧場が年間入園者1万人を突破。クマ牧場人気はピークを迎えていく。

厳しい批判で入場者が落ち込み苦難の時代に突入したクマ牧場

厳しい批判を受けるクマ牧場のあり方

しかし1990年代以降、クマ牧場は苦難の時代に突入する。世界的な動物愛護のムーブメントで生息頭数を激減させていた熊が保護対象となったからである。

実は90年代以降、希少な野生動物を管理する動物園や水族館は「種の保存」のために「野生の生息地に近い環境」を求められるようになった。

その点で「野生動物を家畜化」したうえで「見世物（ショー）」にするクマ牧場のあり方は、当然、動物愛護と自然保護の観点から許されないと厳しい批判を浴びる。なかでも世界動物保護協会（WSPA・本部ロンドン）、地球生物会議（ALIVE・本部東京）、さらには日本動物園水族館協会（日動水）がクマ牧場のあり方を強く批判。査察や立ち入り検査を繰り返した結果、死骸の不法投棄や違法な「熊胆」などの製造が相次いで発覚。その影響で入場者が落ち込み、1998年には「温根湯熊牧場」が廃業。2004年には入場者1万人を誇った定山渓熊牧場が閉鎖となった。

アジアの「クマ農場」批判が日本の「クマ牧場」にも波及

あまり知られていないが、こうした日本のクマ牧場への批難は、中国を中心にアジアに広がっていた「クマ農場」の存在が背景にあった。

中華圏では熊胆が愛好されており、それを効率よく採取する「ファーム＝農場」が現在でも数多く存在している。1980年代、北朝鮮が熊にカテーテル（管の一種）を突っ込んで胆汁を効率よく採取できる方法を確立。これが中国・韓国・東南アジアで一気に広がり、90年代には中国では1万頭もの胆汁採取用の熊が飼われていたといわれる。現在ではカテーテルから注射器に代わったとはいえ、胆汁を恒常的に採取する以上、数年で熊は死亡してしまう。

このアジア独自の〝文化〟は、動物愛護と自然保護に熱心な欧米人からすれば狂気の沙汰であり、厳しい批判の矛先が、アジアの他国を経由して日本のクマ牧場にも向けられてしまったのだ。

クマ牧場が生き残る可能性を持つ熊専門の〝サファリパーク〟

たしかに日本のクマ牧場は「野生動物を家畜化して見世物にする」。しかし、一方では保護した野生の熊の収容施設であり、動物園への熊の供給や、飼育員による熊の生態研究に繋がり、また入場者には日本人と熊の関わり合いの歴史や生態を学ぶ場所となってきた。

2006年、厳しい批判を受けるなかで、新しいクマ牧場のあり方を提案した「サホロリゾートベア・マウンテン」が登場する。動物愛護と種の保存を前提としたヨーロッパスタイルを全面的に取り入れ、自然に近い飼育環境を売りにしている。この熊専門のサファリパークで、クマ牧場の生き残りを図っているのだ。

いずれにせよ、クマ牧場は、日本人と熊の深い関係と長い歴史によって誕生したものだ。そしてその存在は、日本人の多くが「熊を愛してきた」なによりの証拠ではないだろうか。

昭和新山熊牧場(北海道有珠郡)

1969年開業、熊飼育数70頭。洞爺湖と昭和新山の大自然が楽しめる。最大の売りは「小熊のミルクタイム」。希望者は小熊を抱っこしながらほ乳瓶を使って授乳ができる。その愛らしい姿が大人気。また「人間の檻」という特別観覧席ではヒグマを間近で見ることができる。2011年には「あらいぐま牧場」を設置した。公式ホームページ上の四コマ漫画「熊牧場のゴンタ通信」が人気。

のぼりべつクマ牧場(北海道登別市)

1958年開業、熊飼育数70頭。日本初、クマ牧場の元祖。登別温泉からロープウェイを使って入園。約7分の移動では支笏湖国立公園の雄大な自然が堪能できる。1984年にはヒグマ博物館を設置し、2007年までサーカス並みの「熊の曲芸」で人気を博してきた。入園者には熊の餌やりサービスがあり、「おねだりポーズをする熊」が話題になった。登別ロープウェイが運営する。

奥飛騨クマ牧場(岐阜県高山市)

1976年開業　熊飼育数60～100頭。ツキノワグマ専門クマ牧場で飼育頭数は日本一。様々なポーズを教え込んで入園者を喜ばせる。ツキノワグマの達者な芸を楽しめるショーは営業期間中、毎日開催。文字当て(抜けた文字を当てる)、バスケットボール、バランスボード、ブランコ、縄跳び、鉄棒、玉乗り、輪投げ、逆立ち、ハードル、三輪車乗り、自転車乗りまでこなし、実に多彩。ツキノワグマ研究も積極的で、三日月模様で個体判別する技術を学会に発表。

阿蘇カドリー・ドミニオン(熊本県阿蘇市)

1973年開業、熊飼育数200頭。世界の熊7種類200頭を間近で楽しめる熊を中心とした動物園。100種の哺乳類、鳥類、爬虫類、両生類を飼育し、ペット同伴で入園できる。開園当初のクマ牧場から1999年「動物王国カリニー・ドミニオン」としてリニューアルした。「志村どうぶつ園」に登場したチンパンジーの「パンくん」が所属していた多彩な動物ショー「みやざわ劇場」が人気。2014年の阿蘇山噴火で現在は経営再建中。熊本県マスコット「くまモン」の故郷。

サホロリゾート ベア・マウンテン(北海道上川郡)

2006年開業。熊飼育数12頭。スウェーデンの「オッシャ・ベアパーク」をモデルに15ヘクタールの自然エリアを電気柵で囲い、12頭の雄のエゾヒグマを放し飼いにしている。野生の生息地に近い環境のなかで、バスによる遊覧と遊歩道を使ってベアウォッチングを楽しむことができる。雄しかいないのは、雌を飼育すると野生の雄熊を引き寄せる懸念のため。高級リゾートで知られるサホロリゾート内にある。

北秋田市阿仁熊牧場(秋田県北秋田市)

1990年開業、熊飼育数65頭。東北唯一のクマ牧場で北秋田市が運営する公営施設。50頭前後のツキノワグマを飼育する。2012年秋田八幡平クマ牧場が人身事故で閉鎖になった際、すべての熊を受け入れて「くまくま園」としてリニューアルオープンした。年間入場者1万9000人を誇る。小熊と触れ合える「こぐま幼稚園」が人気。

熊の「特異な生態」がアーバン熊を生み出した

大型動物のなかで独自の進化を遂げた熊

「賢い頭脳」「長期間の子育て」という卓越した生態を獲得

取材・文■西本頑司

他の大型肉食獣がいない環境に進出したパンダとホッキョクグマ

冬眠を行う唯一の大型動物

1990年頃まで熊は人間を恐れ、人里には出ようとしなかった。熊による被害は山菜やキノコ狩り、登山などで熊のテリトリーに人間が踏み込んだ場合にかぎられていた。

それがわずか25年、2015年頃には、まったく人間を恐れず、平然と人間の活動域へと進出する「アーバン熊」へと進化した。

短期間による劇的な変化、実は熊の持つ特異な生態によって生まれたものなのだ。

まず動物行動学的に説明すれば、熊の生存戦略はきわめて異例なスタンスといっていい。「ライバルとなる大型肉食獣が存在しないような過酷な環境下にあえて進出し、巨体をなんとか維持することで生物の頂点に立つ」だからである。

その典型的な例が氷河に生息するホッキョクグマであり、笹（タケ類）を主食にしたジャイアントパンダだろう。パンダが生息する中国四川省からチベット・パキスタンにはバンブーラインと呼ばれる巨大なタケ類の群生地が広がる。発芽したばかりのタケノコを除き、笹や竹は食用に適さない。タケ類は特殊なエナメル質（ガラス質）で構成されているために普通の草食動物では消化できないからだ。パンダは笹を消化できるよう無理やり〝進化〟して、このエリアの頂点に立った。ホッキョクグマはいわずもがな、であろう。

日本に生息するツキノワグマもまた、過酷な山岳地帯に適応した種で3000メートル級の高山エリアで生息できる能力があり、ヒグマも永久凍土といった過酷な寒冷地帯に適応した種といえる（その一方で亜熱帯域にも対応できる）。

こうした「過酷な環境に適応する」ために熊は他の大型哺乳類とはまったく違う進化を遂げてきた。それが「冬眠」と「交雑繁殖」である。

熊が冬眠することは誰もが知っているだろう。だが、冬眠は基本的にリスやネズミ類といった小動物の持つ特性なのだ。体表面積が体積に反比例するために小動物は寒さに弱く溜め込む脂肪も少ない。それで冬眠する。逆に言えばツキノワグマは100キロ以上、ヒグマなど通常で300キロ、なかには1トンを超える個体までいる。分厚い脂肪と頑強な毛皮を持つ熊は、本来、冬眠する必要はないのだ。

ここに熊独特の生態がある。冬眠を出産戦略に組み込んでいるのだ。秋の収穫期にたっぷりと脂肪を蓄え、冬眠中に嬰児の状態で出産（育てるのは2頭）。眠ったまま嬰児に授乳することで冬ごもりが終わる頃には足腰のしっかりした「小熊」となる。秋に脂肪分が足りない場合、子育てができない環境状況だと判断し、受精卵を子宮に着床させずに流産させる。これで過酷な環境を生き抜いてきたわけだ。

別種と交尾して環境の変化に対応

生物としての熊の特異性は、現在8種類に分化したすべての種で交雑繁殖が可能という点にもある。交雑とはウマとロバの交雑で生まれる「ラバ」や近似種であるライオンとヒョウの合いの子「レオポン」のように、生殖や出産は可能でも繁殖能力はなくなる。ところが熊は交雑しても繁殖能力を失わない。

環境が激変した場合、その環境にいち早く適応した種と繁殖し、遺伝子を取り込んで変化した環境に適応していくのだ。

2000年代以降、温暖化で餌となるアザラシが捕れなくなったホッキョクグマのメスは、逆に温暖化で餌が豊富となったグリズリー（ハイイログマ・ヒグマの亜種）と積極的に交尾をするようになった。2010年の段階で25%のホッキョクグマがヒグマとのハイブリッド種になったと報告されている。ハイブリッド種となった「黒いシロクマ」は肉食に特化してきたホッキョクグマでもグリズリー同様、雑食が可能になる。逆に国後島など千島列島に生息するヒグマには、数百頭レベルで「白いヒグマ」が生まれているという。アメリカン・ブラックベアー（アメ

高い環境適応能力を証明する黒いシロクマと白いクロクマ

リカクロクマ）にも「白いクロクマ」が生まれることで知られている。これはアルピノ（メラニン色素の失調）ではなく、元から白毛の遺伝子があるのだ。氷河期時代に対応すべくヒグマやクロクマのメスはホッキョクグマと交尾して遺伝子を取り込んできたのだといわれている。

同様に本土（本州）のツキノワグマにもやはり数百頭レベルでヒグマ色である赤褐色の個体が誕生する。1万2000年前の氷河期時代、本土にもヒグマが生息しており、そこでヒグマの遺伝子を取り込んで寒冷化に対応してきたと推察されている。東南アジア域のツキノワグマには赤道直下に生息するマレーグマと交雑繁殖したグループが確認されており、急激な温暖化に対応する能力をすでに獲得しているようなのだ。

このように過酷な環境に適応できる能力を持つ熊だが、裏返せば、そんな環境でなければ生き残れなかったということでもある。実際、地中海近辺に生息していた熊は古代ローマ帝国の剣闘士対戦用に狩り尽くされて絶滅した。人間やライバル肉食獣と生息域が重なって生息域が奪われれば、呆気ないほど簡単に激減していくのだ。その証拠に世界中の生息地帯では大半の種がレッドリスト入りした絶滅危惧種となっている、例外は生息数が激増している令和時代の日本ぐらいなのだ。

弱者ゆえに獲得した“優秀な頭脳”

その“弱者”ゆえに、熊は特別な形質を獲得していく。

きわめて優秀な頭脳、である。

熊の賢さは自転車に乗るといった多彩な芸をこなしてサーカスの人気アニマルとなった点からもわかるだろう。また熊撃ちのマタギやアイヌの猟師の手口を学んで対処することでも知られる。これはクマ目がイヌ型亜目からイヌ科とクマ科に分化したようにイヌの持つ頭脳を受け継いでいるからだといわれている。

3年に及ぶ子育ての間で母熊の知識を小熊に叩き込む

とはいえ肉食もする大型哺乳類として熊を見れば、狩りはヘタクソ。死体漁りか狐などの獲物を横取りする。ライバルの大型肉食獣との生存競争には負け続け、食べられるものは何でも食べて飢えをしのぐ、そんな弱者なのだ。過酷な環境でひっそりと生きるしかなく、そこで生き抜くためには頭脳を鍛え上げるしかなかったのだろう。

その特性がイヌを上回る「賢さ」を手に入れる結果へと繋がる。それが「子育て教育」である。実は最も恐ろしい熊の生態とは、この「動物界一の教育ママ」ぶりなのだ。

熊は出産すると短くて2年、通常は3年子育てを行う。その間、生息している過酷な環境で生き抜くための“知恵”を小熊に徹底的に叩き込んでいく。つまり猟師の手口を理解している母熊は、その対処法を小熊にもきちんと伝えるのだ。

熊種に共通する生態として、母熊は子育て期間中に知恵も経験もすべて小熊に教え込むという

ここでアーバン熊に話を戻せば、人里近くを生息域にしたアーバン熊の母熊は「人間」という生物の生態を理解している可能性が高いことがわかる。どこの農地や住宅地が安全なのか、どこにどんな食べ物があるのか。なによりハンターと一般人を見分けて、襲っていい人間と逃げるべき人間を区別できるように、母熊の持つ「対人間

「サーカス熊」が存在するのは熊の知能が高い証拠。犬より賢いとする説もある

の情報」を3年かけて教え込んだ個体が「アーバン熊」へと進化したのだ。

〝うかつ〟な個体は間引かれ〝狡猾〟な個体が生き残った

もっと恐ろしい話をしよう。

2004年と2009年、堅果類（ドングリ）の大不作によって熊の大量出没が発生する。環境省は激増した熊に対処すべく東北地方を中心に異例の処置としてハンターを大動員し、総計7000頭もの熊を捕殺・駆除した。ちなみに7000頭という数字はロシアに生息するツキノワグマが絶滅する数である。

ところが翌2010年、この年にも熊が大量出没する。それまで本州全域で1万頭から1万5000頭と見込まれていた熊の生息数は間違いだったのだ。すでに3万頭近い生息数があり、大量駆除後も2万頭以上がまだ生きていたと判明する。

つまり、うかつな個体が間引かれて、人間を〝知った〟狡猾な熊が生き残ったのだ。

こうして人間をよく知り、また敵視した母熊から生まれて人間と戦う知恵を叩き込まれた個体が2013年頃から続々と登場する。これを専門家たちが「新世代クマ」と名づける。大量駆除は解決策にはならず、人間の手で生息域を奪う必要があったのだ。

ともあれ人間が熊を殺すならば、熊が人間を殺してもいい、と熊は考える。どうすれば効率よく人を襲い、人のものを奪えるのか。母熊から教わった世代が人間の活動域へと進出してきた。

熊は過酷な環境で生き抜くために独自の生存戦略で特異な進化を遂げてきた。その最大の果実が「ずば抜けて狡猾な頭脳」の獲得と小熊への長期教育だったのだ。

日本は、そんな熊の独特の生態を理解せず対処法を誤った。その失敗が熊をアーバン熊という知恵ある凶暴な大型肉食獣へと進化させてしまったのである。

「新世代クマ」が持つ人間への〝敵意〟と〝戦う知恵〟

進化するアーバン熊に「アーバン熊2.0」「アーバン熊3.0」が発生する日本の近未来

人間を襲う「アーバン熊」の大量発生で人間と熊の間で〝生存圏〟をかけた戦いが勃発

取材・文■西本頑司

人間をナメ切った第二世代「アーバン熊2・0」が登場

なぜ日本だけで熊が大量発生しているのか

2024年以降、日本は未曽有の「熊害（ゆうがい）」に怯えることになるのではないか。人身被害が170人を超えた2023年の熊被害レベルのみならず、今後、人の活動領域が熊によって奪われていくことが予想されるからである。

いかに現在の日本が異常なのか。それは本州のツキノワグマ生息数が、実に4万5000頭に迫る勢いで伸び続け、北海道のヒグマも1万数千頭へと急伸している点からも理解できる。つまり1億2000万人がひしめく経済大国で実に4万頭に及ぶ「猛獣」が生活圏を接するようになっているのだ。

しかも、その猛獣とは、殺傷能力を持った人間を恐れない「アーバン熊」なのだ。アフリカのサバンナ並みの危険度と言いたくなる。

そもそも熊は絶滅危惧種だ。世界の生息地域では「人間の保護」がなければ多くの固有種が絶滅しかねない状態にある。熊害は日本だけに起こった異常事態なのだ。

とはいえ日本も1980年までは世界のトレンドに近い状態にあった。九州では1950年代に絶滅（野良となった元飼育熊が90年代頃まで生息、絶滅認定は2012年）、四国も実質的な絶滅状態（現在の生息数は数十頭で回復の見込みはない）。本州では中国・近畿・関東・北信越では国定公園といった自然保護区を中心に数十頭から100頭程度の小グループが複数点在するのみだった。唯一、熊の餌となるブナの原生林が広がっていた東北地方で1000頭以上のグループを複数確認という程度まで落ち込んでいたからである。

熊は巨体を維持するために莫大（ばくだい）な餌を必要とする。生息域における餌の供給総量で熊の生息総数が決まるわけだ。とくに人口と経済活動が安定した室町時代から戦前・終戦直後までは煮炊きや暖房で薪や建材などの材木需要は高く、生息地は人が立ち入らない原生林・山岳地帯（国土の4割）にかぎられ、最大でも1万頭が限界値となってきた。

ところが1970年以降、国内林業の崩壊と急速な少子高齢化によって国土の4割に相当する人工林を含んだ里地里山の2割相当を人間が「放棄」した。植生が乏しい原生林とは違って、この放棄地には堅果類のなる広葉樹林帯と放棄果樹（柿や栗など）、餌となる魚類・昆虫・小動物が豊富にある。文字通りの「熊の楽園」が開放されたのだ。熊は一日で30キロ移動できる。若熊たちは、この〝開放区〟を求めて本州全土へと移動し、新たな生息地で急激に数を増やした。増えた頭数より開放区（放棄地）の拡大のほうが大きく、この開放区の限界値は2万頭を超えると推定されているほどなのだ。

この開放区の限界値を超えて生まれた熊たちは、当然のごとく新たな新天地として人間の活動域へと侵出する。これがアーバン熊となり、人間の生活圏へと出没してきた。

世代交代がもたらす凶悪な性質

問題は、このアーバン熊が世代交代している点だ。アーバン熊を母に持ち、人間を知り尽くし、より人間をナメ切った第二世代「アーバン熊2・0」が登場してきたのだ。

2023年12月7日、東京郊外の八王子市に出没した熊は、明らかにそうした「アーバン熊2・0」だった（イノシシとする説も有）。その証拠に、この「2・0」は市の中心地である八王子市役所近辺をうろつき、地域住民を震撼させている。人の少ない市の郊外より、人と建物の多い市の中心部のほうが「安全」と学んでいるのだ。

事実、熊被害問題では、駆除を依頼された猟友会と住宅地での発砲を許可しない警察との間でトラブルが何度も起こってきた。

これは熊用の猟銃弾の破壊力がすさまじいからである。コンクリートの壁も一撃でぶち抜く威力があり、住宅地で発砲して外れた場合、簡単に建物を貫通する。住民に被害が出かねないために安易に許可できなくなっているのだ。

では警察で対処すればいいと言う声もあるが、熊は分厚い脂肪と有刺鉄線でもケガすらしない頑強な体毛で覆われている。当然、警画像生成AIに「アーバン熊2.0」
とだけ打ち込んでつくった画像　©Midjourney2024

察官が持つ拳銃では殺傷できず、手負いとなって大暴れして被害を拡大しかねない。対テロや凶悪犯を射殺する特殊部隊のライフルでも、心臓を一撃しなければ仕留めることはできない。熊は四足歩行する。立ち上がるまで待ち続けるのか、となる。これは自衛隊の小銃も同様で、肉体の脆弱（ぜいじゃく）な人間向けの対人用銃弾は精密射撃と連射性、携帯性を優先させているので威力が弱いのだ。

人の多い住宅地が「安全」と知った「アーバン熊２・０」

逆に大型動物用の猟銃弾は、仕留め損ねた場合、反撃を受けることを想定して一撃で動きを止めるように威力を高めている、それでかえって人の多い場所や住宅地では使用が難しくなった。先の「アーバン熊２・０」は、これを理解しているとしか思えないのだ。

人間の活動域に侵入し、パトカーなどのサイレンで騒ぎになったら、山へ逃げるよりも住宅地へと進んだほうが「安全」。その住宅地で餌を漁ったあと夜にかけて逃走すればいいと「アーバン熊２・０」はすでに理解している。完全に人間をナメ切っているのだ。

そんな「アーバン熊２・０」が母熊となればどうなるか。当然、住宅地近くをテリトリーとするだろう。そして高齢化が加速している僻地の住宅地や農地では、熊が何度も出没すれば、現実問題として「人が住めなくなる」。農地に電気柵を設置しようとすれば莫大なカネがかかる。駆除するにせよ、餌環境のいい放棄里山が熊のテリトリーのままなら、空いた縄張りに別の熊がやってくるだけ。まったく解決策にはならないのだ。出没多発地帯の地価はタダ同然となり、人間は、このエリアを「放棄」せざるをえなくなる。

この流れを「アーバン熊２・０」は理解して、それを「アーバン熊３・０」へと伝えていった場合、熊による本格的な人間領域への侵攻が始まるのではないか。その可能性は、もはや絵空事ではなくなりつつあるのだ。

熊による本格的な人間領域への〝侵攻〟が始まる可能性

親熊から子熊へ受け継がれる〝悪知恵〟

これは過疎地帯だけの話ではない。先の八王子市は高尾山系で東京でも屈指の自然あふれる場所だ。八王子近辺にはゴルフ場や自然公園も多い。ここに熊が盛んに出没すればゴルフ場は倒産しかねないだろう。新たに造成した住宅地にせよ、ここを狙い撃ちして熊が出没を繰り返せば、住宅を買う人はいなくなる。こうしてジワジワと人間の活動域の周辺部を奪えば、その成功体験は次世代へと受け継がれていくのだ。

熊は3年かけて子育てし、その間、母熊が得てきた知恵と成功体験を小熊へと叩き込む。人間の活動域をどうすれば奪えるのか、という情報は世代を超えるたびにブラッシュアップされ、バージョンアップしていくのだ。

アーバン熊は、２００４年（２３００頭）、２００６年（４６００頭）、２０１０年（２０００頭）という世界でも例をみない大量駆除を乗り越えた世代から生まれたと考えられる。この大量捕殺の生き残り世代は、ハンターとそれ以外の人間を区別できるようになったのだろう。それで人間を恐れなくなった。それだけでなく狩猟区と禁猟区、さらに禁猟期間も理解しているといわれている。ハンターがやってくれば、どこに逃げればいいのかを知っているのだ。

そんな悪知恵を覚えた世代（新世代クマ）の母熊から学んだ「ア

ーバン熊」が人間を恐れることはない。当然、人間の農作物と家畜を奪おうと人間の活動域へと進出する。そして２０２４年現在、第２世代となる「アーバン熊２・０」が、どうすれば安全に人間の生活圏で活動できるのか、その方法を試みるようになってきた。

世論が認めない
自衛隊による熊の駆除

人のいなくなった里山地域は、熊撃ちのハンターが活動できる。それならば人間の生活圏で繁殖したほうが「安全ではないか」と理解しても不思議はない。そんな「アーバン熊３・０」が登場すれば、日本はどうなるのか。想像するだけでそら恐ろしくなろう。

いずれにせよ、先進国の住宅エリアで人を恐れず、人を襲う「猛獣」が大量発生しているのだ。この状況を政府はどう考えているのか。

繰り返すが、大量駆除したところで放棄された里山と人工林が現状のままでは、数年で頭数は回復する。そして、より「狡猾（こうかつ）」となって人間の活動域へ出てくるだけだろう。

最も効果的な解決策は、自衛隊の投入となる。熊を一撃で倒せる大口径の銃を持たせ、定期的に大量駆除を繰り返せばいいのだ。実際、外国の軍隊では、危険動物と害獣の駆除を精鋭部隊の訓練の一環として行っている。

現在の熊の生息域の多くは民間が所有する山地だ。そこで自衛隊の部隊が強力な武装をして実弾発砲する。現状、それを世論や野党が認めるとは思えない。そうしてズルズルと何も決断できない間に、死者４名、重軽傷者多数を出した「十和利山熊襲撃事件」（２０１６年）のような悲惨な事件が全国各地で、何度も繰り返されてしまう可能性は高い。

このアーバン熊問題に対し、政府は即座に「大規模災害」レベルの認定を行うという、果敢な決断を下す必要があるのだ。

人間を居住地から〝追い出す〟「アーバン熊３・０」の登場

©Midjourney2024

画像生成AIに「アーバン熊3.0」とだけ打ち込んでつくった画像

「熊用語」集

熊の生態、危険性を理解し、身を守るために知っておくべき用語集

「熊害（ゆうがい）&生態」関係用語

穴持たず……秋に十分な栄養が摂れなかったといった理由で冬眠しない熊。狂暴化しやすい

里山……原生的な自然と都市との中間に位置する雑木林や草地、溜池などの総称。近年、熊の侵出が激しくなっている

奥山……熊本来の生息地。人里から離れ、集落や農地がほとんどない森林

熊撃退スプレー……北米のグリズリー対策として開発。カプサイシンで目や鼻、喉の粘膜を刺激し、撃退する

うつ伏せ首ガード法……熊に狙われやすい頭や顔を両腕やザックで守る、致命傷を避けるための防御法

熊鈴（くますず）……古くから、音を鳴らすことが有効だとされて身につけた熊避（よ）けのための鈴。人間慣れした熊は鈴の音に寄ってくる事例もある

動物駆逐用煙火……火や煙、轟音で害獣を追い払うために使用する狼煙（のろし）。熊にも有効

死んだフリ……熊害対策として広く知られていたが、熊は死肉も腐肉も喰らうため襲われた際に「死んだフリ」をしても効果がないとされる

熊剥ぎ……造林木の幹を熊が傷つけたり皮を剥いだりする現象。積雪地帯で5月から8月に見られる

クラ場……冬眠明けの熊が毛を干すなどの目的で居つく地形の悪い崖のような場所

クマ棚（だな）……樹上の実のある枝を手繰り寄せて折り、食べ終わった枝を鳥の巣状にしたもの。寝ぐらにすることもある

「熊猟」関係用語

マタギ……東北地方・北海道において古来集団

で狩猟を行う者を指す。その歴史は平安時代までさかのぼる

巻き狩り……マタギの狩猟方法。山を取り囲み、獲物を誘導して狩る

シカリ……猟の際のリーダーで、全体を指揮する

マツバ……猟の射手。銃を携えて尾根などで待ち、獲物が来たら撃つ役割

セコ(勢子)……獲物を誘導するため大声を出しながら歩く役割。オイッコともいう

ナガサ……ナタと包丁の中間のような形状の刃物。マタギが山道の枝打ちや、獲物の解体などに使う。山刀のこと

猟友会……特別な許可を受けた狩猟者団体。全国組織は大日本猟友会で構成員数は約13万5000人

熊撃ち……クマ専門のハンター。使用する銃器などは他の猟と異なる。主にライフルを使用

春熊猟……残雪期の4月下旬頃は雪上に熊を見つけやすいことから、熊猟向きとされる

村田銃……明治期に開発された国産小銃で、軍の払い下げ品やコピー品が猟に使われた

箱罠……熊の捕獲に使われる罠。檻やドラム缶状の筒に誘い込んで捕獲する

くくり罠……獣の脚をワイヤーでくくりつける罠で主にイノシシ用だが、熊がかかることもある

スラッグ弾……散弾銃を熊用に使用する際の単弾。撃退目的でゴム弾や花火弾が使われることもある

熊肉……「脂の融点が低く、口内でとろける美味」「肉が固く臭い」など両説あり。主に猟師料理

山肉……山の獣を総称して呼ぶ言葉。猪=ボタンのような熊単独の俗称は一般にはない

熊胆……熊の胆嚢は胃腸の薬として、飛鳥時代から江戸時代あたりまで珍重されていた

熊革……革質がきめ細かく脂のなじみがいいことから、長く使うと独特の艶が出るという

熊毛皮……硬くゴワゴワした毛質で敷物などに使用。防水効果がありマタギの尻当てにも使われる

「伝承&歴史」関係用語

山親爺……北海道の一部で使われている野性の熊の呼び方

イタズ……マタギの間で使われるマタギ言葉での熊の呼び方

羆嵐・熊風……「熊を仕留めたあとには強い風が吹き荒れる」という北海道の伝説

熊送り……熊を特別な存在と考え、殺害するときに執行される儀礼。アイヌ語では「イオマンテ」

キムンカムイ……アイヌ語での熊の呼び方。「山の神」の意。他に数十種の熊の呼び方があるといわれる

ウェンカムイ……アイヌ語で「人に害を為した悪い神=人喰い熊」のこと

黒熊……毛色の黒いクマ。日本のツキノワグマを指すことが多い

闘熊……古代ローマで熊vs熊、熊vs人の格闘競技が行われた。アメリカにはレスリングベアも存在する

熊掌……中華料理に由来する美味珍味のたとえ。熊蹯(足の裏の肉)ともいう

モチグシ……マタギの風習で、熊を狩ったあとの神への捧げもののこと

第四章

日本の「人喰い熊」ショック事件簿

自然を尊び、共生を重んじてきた日本は、かつて野生の熊による被害も「自然現象のひとつ」として受け入れる文化があった。だが北海道開拓期以降、熊と人間の関係は大きく変容した。現在、野生の熊にとって棲(す)みかを荒らす人間は「憎むべき敵」「食欲を満たすための餌」という存在となったのだ。この章では、怒れる熊が人間を襲った、喰った、ショックすぎる事件を紹介していく。

瀬棚村人喰い熊事件

明治中盤から後半、一つの地域で人喰い熊事件が立て続けに発生

発生年月日●1888～1910年
発生場所●北海道瀬棚村（現・せたな町）
犠牲者数●死者2名、重傷者9名以上
熊種●ヒグマ

人肉に味をしめたヒグマが〝墓地の死体〟までも喰らう

子連れの母熊が農民一家に襲いかかる

北海道・渡島半島の日本海側に位置する瀬棚村では、人喰い熊による殺人や傷害事件が頻発していた。とくに被害の目立った明治時代の中頃から後半にかけては、少なくとも死亡2人、重傷者9人が確認されている。

たとえば1896年は、一人が喰い殺され、3人以上が負傷した。

初秋の9月、農家の夫婦が子供を連れて歩いているところに、大型の母熊が子熊を連れて現れた。夫は逃げる途中で足を取られて転倒し、大腿を爪で裂かれ、妻も脇腹に重傷を負った。

この事件について当時の『北海道毎日新聞』は「子供は幸い無事だったが、妻は急所の重傷なので助命は覚束ないとの話」と伝えているが、その後の記録を見たかぎりでは死亡は確認できず、なんとか命は取り留めたものと思われる。

この事件から日をおかず、今度は自宅周りで作業をしていた男性が、近くのやぶに隠れていた熊に捕まって連れ去られてしまう。これを見ていた近所の男性たちが追跡すると、熊は逃げ去っていったが、被害に遭った男性は頭部と背中を引き裂かれた状態でやぶの中に放置され、絶命していた。

この熊は、その後も村の近くに居座って馬を襲うなどしていた。農民の一人が馬小屋にいるのを見つけたので、村人たちは金ダライを打ち鳴らすなどして追い払おうとしたが、熊はまったく怖れる様子を見せず、殺した馬を肩に担ぎながらやぶの中へ戻っていって、ゆっくりと馬肉を喰らっていたという。

この村を開いた幕末の会津藩士・丹羽五郎は、熊出現の報告を受けると愛用する銃を携えて現場へ急行し、見事にこの熊を撃ち倒した。村民たちは丹羽の快挙に万歳を唱え、村まで熊を担いでいって熊料理をこしらえ、食したという。

1905年4月には、笹を刈りに出かけた青年が熊に捕えられた。一度は仲間たちが火を焚いて追い払ったものの、再び現れた熊は、瀕死状態の青年を仲間が運ぼうとするところを奪って喰い殺してしまった。

同じ年の11月には、墓地に埋葬された直後の死体を掘り出して、内臓を喰らう熊の姿も見られている。

特定の個体だけでなく多くの熊たちが長期間にわたって人肉食を続けたのは、全国的にもかなり珍しい事例で、その後1910年にも死者こそなかったものの2カ月間に4人が襲われる事件が起きている。

幕末の会津藩士だった丹羽五郎は、事件当時、北海道開拓団として入植していた

取材・文■早川満

ニセコ町民家襲撃事件

見境なしに人間を襲う、冬眠しない熊「穴持たず」の脅威

餌の少ない冬山を下りた熊が飢餓状態で人里をうろつき回る

発生年月日●1875年12月8日
発生場所●北海道虻田郡弁辺村（現・豊浦町）
犠牲者数●死者1名、重傷者2名
熊種●ヒグマ

冬の民家に侵入した熊が住人たちを次々と襲う

死者3人、重傷者2人の被害が出た丘珠事件（52ページ）。これが起こる3年前、1875年12月8日には、洞爺湖やニセコ町で知られる虻田郡でも、ヒグマが民家に侵入する事件が発生している。

熊は、この家に仮住まいしていた一人を咬殺すると、同家の長女など2人に重傷を負わせたのちに銃殺されている。

この事件で注目すべきは発生した日時で、12月というと普通の熊は冬眠に入る時期である。それが民家にまで侵入して暴れたということは、冬を過ごすだけの栄養をまだ蓄えることができていなかったものと思われる。

熊は冬眠中に体重の30％から50％の脂肪を消耗するといわれ、入眠前にはその分を体内に蓄えておかなければならない。脂肪が足りないと体温が下がり切らず、眠りにつくことができない。それで巣穴の外に出て、いわゆる「穴持たず」になってしまう。穴持たずとは文字通り、寝床の穴を持たない熊をいう。

餌の少ない冬場に外をうろつく穴持たずは、基本的に飢餓状態であるため狂暴化する。さらには寝ていないために判断力が鈍った状態で、誰彼なしに襲いかかってしまう危険がある。猟師の間では昔から「穴持たずを見つけたら、ためらわずに撃て」とも言われている。

餌を探して民家を襲うこともたびたびあったようで、日本最悪の熊害となった三毛別羆事件（45ページ）も穴持たずの仕業だった。熊の出現が多い地域だと、冬場でも穴持たずを警戒して、熊の侵入を防ぐための電気柵や有刺鉄線の設置を怠らないという。

アーバン熊の増加に伴ない、今後は市街地でも穴持たずが現れることは十分にありえるだろう。

ちなみに、もしも熊が家に押し入るなどの被害に遭った時の補償はどうなるかというと、家の中を荒らされたような物損については、これを補償する法律はない。また民間の保険でも、獣害は火災保険や地震保険の対象になっていないことがほとんどだ。

エゾシカの生息数が多い網走、釧路、根室などの道東では、冬眠をせずにエゾシカを捕食しながら越冬するヒグマも出現している

家の中を熊に荒らされても損害保険の補償対象にならない

受傷などの肉体的な被害を受けた場合も、とくに賠償を受けられるような決まりはない。

丘珠事件では生き残った重傷の女性が回復して再婚するまで手厚い補償を受けたといわれるが、これは当時の行政によるたまたまの処置であって、いつも同様の補償が望めるわけではない。

取材・文■早川満

美瑛釣り人襲撃事件

大正時代の15年間で12人が死亡した熊害の多発地帯

釣り人の頭部は食いちぎられ崖の上でさらし首状態に

発生年月日●1925年6月18日、9月21日
発生場所●北海道美瑛村
犠牲者数●死者3名
熊種●ヒグマ

子連れの母熊が背後から不意に襲いかかる

美しい風景が広がる北海道の美瑛町。今では人気の観光地だが、かつてはヒグマによる人身被害が多発する危険地域であった。

なかでも大正時代の15年間には、美瑛を中心とした半径20キロの内で、死亡者が12人も出ている。

1925年6月には、美瑛村の市街地に住む男性2人が川釣りに出かけたまま行方不明となった。釣り場付近の捜索をしていると、上流の山中から母子連れの熊がこちらを凝視していた。危険を察していったん村に戻り、100名ほどの捜索隊を結成して鳴り物を打ち鳴らしながら捜索を再開した。

翌日になって、村からかなり奥まった山中の川岸に、糸を川面に垂れたままの釣り竿が発見された。そうしてそこからさらに200メートルほど離れた崖の下で一人の遺体が発見される。胴体から上はなく、頭は崖の上にさらし首のようにして置かれていた。遺体の手足はむしり取られ、内臓は喰い尽くされていた。

さらに土に埋められているところを発見されたもう一人の遺体も、両足はなく、顔面は傷だらけで、やはり内臓を喰われていた。

現場の状況からすると熊は不意に後方から2人を襲ったようで、少し離れたところに魚籠が転がり、そのそばにはむしり取られたシャツもあった。被害者2人は必死の抵抗をしたらしく、地面には揉み合いをしたような形跡もみとめられた。

美瑛付近では毎年のように熊が出没し、市街地まで出て来るようになっていたこともあり大々的な熊狩りを計画。機関銃を装備した歩兵隊の派遣まで軍に依頼したというが、これは断られている。

2人を喰い殺した熊は見つからないまま夏が過ぎ、9月21日には美瑛市の男性が山中の川へ釣りに出かけたまま戻らず、翌日、熊撃ち名人と呼ばれた農夫らが捜索にあたった。川辺に焚き火の跡を見つけ、周囲を見渡すと笹が生い茂っている。やぶに向かって捜索隊の一人が石を投げると、そこから仔牛ほどもある巨大な熊が躍り出て、猛然と飛びかかってきた。すかさず発砲して仕留めたが、周囲を探索すると、手足や顔面、内臓を喰い散らかされた男の遺体が大木の根元に埋められていた。

馬車で運ばれる死骸の口から吐き出される大量の人肉

人喰いグマの遺骸を馬車で運搬する途中、一人が熊の背中に馬乗りになったところ、熊の口の中からは前日に食べたであろう人肉が、大量に吐き出されたという。

魚が釣れやすい人気の釣り場は、熊にとっても大事な餌場であるため、熊害が起こりやすい

取材・文■早川満

大雪山食害事件

9人の登山グループに猛スピードで追いつき襲撃

発生年月日●1949年7月30日
発生場所●北海道大雪山旭岳
犠牲者数●死者1名
熊種●ヒグマ

熊に対する警戒心を持たず ほぼ無装備の状態で登山

北海道の中央部に広がる大雪山(だいせつざん)とはひとつの山の名称ではなく、標高2000メートル以上の山が20以上も連なる山岳地帯を総称したものである。その最高峰となる旭岳(あさひだけ)で登山をしていた若者が、ヒグマに襲われる事件が発生した。

1949年7月、旭岳の登頂を目指す9人グループが、どれほどの計画を立てていたかは定かでないが、その全員がほとんど無装備の軽装だったという。

それもあってかグループのうち4人は疲労のために途中で引き返すことになった。

4人が下山途中の展望台で休息をとろうとしたところ、山道を一頭のヒグマが上ってきた。

4人は大声を上げて威嚇したが、熊は興奮して立ち上がり、唸(うな)り声を発しながらさらに向かってきた。

4人はいっせいに森へ逃げ込もうとしたが、熊は全速力で追いついて一人に襲いかかった。苦悶するうめき声がしばらく続いたが、他の3人は何もできずに息を潜めて熊が去るのを待つだけだった。

その後、登頂を果たした仲間の5人が下山してきたところに合流し、事情を話してみんなで岩場に身を潜めつつ夜を明かした。翌朝に8人が下山すると、被害男性の捜索隊が編成された。

熊が出現した展望台の下で、男性の頭と脚が見つかり、近くの雪渓では胴体も発見された。いずれも熊に喰い尽くされ、骨がむき出しになっていた。

遺体近くの草むらで男性を襲ったと思(おぼ)しき熊が発見されたが、撃ち損じて取り逃してしまう。そのまま熊は行方知れずとなったが、翌年5月下旬に現場から10キロほど離れたところで捕殺された推定年齢14～15歳の雄の成獣が、毛色や体格、撃ち損じた際の銃創などから同じ個体と断定された。

熊に〝殺された〟可能性のある大雪山系の多くの行方不明者

この事件以外にも、大雪山系ではたびたび熊の目撃情報が報告されるが、登山者が熊に襲われて死亡したのはこの件が唯一だという。

ただし、これまでに大雪山系では多くの人々が行方不明になっている。その者たちが熊の被害に遭って亡くなった可能性は決してゼロではないだろう。

雪山での行方不明者のなかには、熊に食い殺されたために痕跡が見つからない犠牲者が少なからずいるとされる

取材・文■早川満

熊撃ち猟師ヒグマ相討ち事件

猟師を一撃で殺したのちに、熊も銃創による出血で死亡

発生年月日●１９７４年11月11日
発生場所●北海道斜里町
犠牲者数●死者1名
熊種●ヒグマ

猟師の銃撃による出血で呼吸困難に陥った熊

１９７４年11月11日の朝、一人の猟師が「ヒグマを撃ちに山へ入る」と家族に伝え、斜里町郊外を流れる幾品川沿いの森林地帯へ向かった。起伏が激しく笹の生い茂ったロケーションは熊の棲みかに最適で、この辺りでは同年の秋頃から熊の目撃が頻発していた。熊は周辺のジャガイモ畑などを荒らし回っていて、猟師は以前からその駆除を依頼されていたという。前夜には雪が降っていて、足跡を追いかけるには絶好のコンディションだった。

だがその日、猟師が帰ってくることはなく、翌日には家族が捜索願いを出した。だが、さらに翌日、猟師は遺体となって発見されることになる。それと同時に加害したと思しき熊も、猟師の遺体から40メートルほど離れたところで仰向けになって死んでいた。

現場検証の結果から、次のようなことがあったと考えられた。

まず熊を発見した猟師が猟銃を一発撃ったが、完全には急所を捉えられなかったようで、熊は逃げ出した。

猟師はこれを追跡したが、熊が茂みの中に隠れているのを見逃して、その前を通り過ぎていった。これを見た熊は猟師の後ろから襲いかかった。この一撃で猟師を倒した熊だったが、銃撃による出血は続いていて、これが肺などに溜まって呼吸ができなくなって絶命した――。

「痛み分け」という言葉は相応しくないかもしれないが、ともかく双方相討ちの結末となったわけである。

猟師歴40年のベテランが不意打ちで殺される事例も

猟師が熊にやられてしまうことは、決して珍しい話ではない。１９７１年11月には北海道滝上町の酪農家からの依頼を受けて出動した猟師歴40年を超えるベテランが、熊の不意打ちに遭って殺されている。

雑木林に逃げ込んだ熊を追いかけて薄暗がりの中を進んだベテラン猟師だったが、経験むなしく熊の反撃を受けてしまった。残された銃の安全装置が外されていなかったことから、よほどの不意打ちだったことがうかがえる。遺体は土や笹の葉に覆われていて、食害の痕跡が見られたという。

熊は非常に知能が高く、追跡するベテランの猟師をだまして、不意打ちで襲ってくることもしばしばあるという

取材・文■早川満

恐怖ニッポン熊事件 6

トンガリ川釣り人襲撃事件

遺体を回収する人間を「餌を奪う敵」とみなし襲う熊

被害者の遺体を岩陰に隠し 餌として喰らうために保存

発生年月日●1999年5月8日
発生場所●北海道木古内町
犠牲者数●死者1名、重傷者2名
熊種●ヒグマ

死骸をくわえて山中を引きずり回す

1999年5月8日、一人で渓流釣りに出かけた男性が夜になっても帰ってこなかったため、家人からの捜索願が出された。北海道警が付近を捜索したところ、顔や首、腕や胸のあたりまでを喰われた状態で男性は発見された。

遺体は木古内川の支流であるトンガリ川の岸辺の大きな岩の陰に隠すようにして置かれていた。のちの検死で死因は外傷性ショック死とされた。遺体の足先は水深10センチほどの流水に浸かって真っ白く変色していたという。

近くには深さ1メートルほどの窪地があり、熊はそこに身を潜めながら遺体＝餌の様子を見張っていたものと思われる。

被害者は、靴とズボンが一体となったゴム製の防水ズボンを穿いていたが、その両脚の靴の部分は引きちぎられ、着衣は全体的に頭の方向へめくれ上がっていた。このことから熊は男性を襲って殺したあと、〝エサの保存場所〟まで足をくわえて引きずってきたのだと考えられた。

猟友会員らが被害男性の遺体の収容をしようとしたところ、川の向こう岸のやぶから熊が現れて、「餌を盗むな！」とでも言わんばかりに真っ直ぐ川の中を突進してきた。猟友会員らが発砲すると一度は林に逃げ込んだが、その後に射殺された。

頭の皮膚を髪ごとちぎられ 命からがら逃げ出した女性

なお同日、男性の遺体が発見される前、この付近で女性2人が同じ個体と思われる熊に襲われていた。

トンガリ沢林道を巡視していた警察車両が、女性2人の運転する軽トラックを見つけて事情を聞くと山菜採りに入山したところを襲撃されたのだという。

被害男性の遺体があることを知らずに近寄ったことで、熊が女性たちを「餌を奪いにくる敵」と認識し、攻撃したのだった。2人は熊避けの鈴を鳴らしながら山中を歩いていたというが、それもおかまいなしだった。

女性たちはそれぞれ頭や首に咬みつかれ重傷を負ったが、持っていた杖を振り回すなどして命からがら逃げ出したという。

男性が「餌として食べるため」に襲われたのに対し、女性たちは「餌から追い払うため」に襲われた。その違いが命運を分けたのかもしれない。

とはいえ女性の一人は後頭部の皮膚を髪ごと引きちぎられていて、後日に皮膚の移植手術を受けたほどの大ケガだったという。

釣り人が襲われた場所は見通しがよく、不意の遭遇ではなく熊が狙って近づいたとみられる

取材・文■早川満

豊羽鉱山遺体引き回し事件

殺された場所から数十メートル先まで運ばれ埋められる

発生年月日●２００１年5月5日
発生場所●北海道札幌市
犠牲者数●死者1名
熊種●ヒグマ

大量の土と木の葉をかけられ遺体の下半身を埋められる

熊の多発地帯だった山菜採りの穴場

２００１年5月5日の早朝、札幌市在住の五十代男性は「定山渓の豊羽鉱山へ山菜採りに出かける」と言って、一人で家を出た。定山渓は札幌市街から近い温泉街で、まるで危険は感じられない観光地である。

ただし男性が向かった豊羽鉱山は、同じ山系ではあるものの温泉街からは10キロ以上も離れていた。２００６年に鉱山が閉じられる以前のことで、この時はまだ操業中だった。しかしゴールデンウィークのさなかであれば人も少なく、山菜採りには絶好の穴場だとこの男性は考えたのだろう。

男性の自宅からは車で1時間前後。昼過ぎには帰宅するものと思われたが、夕方が近づいても帰らないことを不審に思って家族が捜しに行くと、男性の車は山道の入口付近に停められていた。

この近辺ではヒグマの目撃情報が続いていて、注意を呼びかける看板が立てられていた。

翌日になって警察官、消防署員、猟友会員ら約60名による捜索が始まると、停められていた車から２００メートルほど山中に入ったところで熊を見つけた。これを射殺したあとに近くの捜索を続けると、行方知れずだった男性の遺体が発見された。遺体の下半身は大量の土と笹の葉で埋められていた。

遺体の顔面には深い爪跡が残り、背中面にも無数の浅い傷があった。そうして腕や脚、臀部、腹部には大きく喰われた痕跡が残されていた。

その後の現場検証で、遺体の発見現場とは離れたところから被害男性の長靴が見つかった。また、そこから30メートルほど離れたところには熊が爪で土をかき集めたような跡が残されていた。そこは遺体の発見現場から60メートルほど離れていた。

これらのことから推測すると、被害男性は最初に殺された場所から30メートルほど引きずり運ばれ、熊はいったんそこに遺体を埋めようとした。しかし気が変わって、さらに60メートルも離れたところまで遺体を運び、餌の保管のため土に埋めたのだと考えられた。

隠した遺体を奪われないために両腕を広げて捜索隊を威嚇

熊を発見した際、大きく両腕を上に挙げて捜索隊を威嚇してきたのは、自分がせっかく隠した獲物をなんとか守りたいと考えての行動だったわけである。

被害者が埋められていた場所は、熊からは見えやすく、見張る熊は茂みで発見されにくい環境だった

取材・文■早川満

標津町サケ密猟者殺害事件

サケの捕獲場へ不法侵入したところで野生の熊とバッティング

発生年月日●2008年9月17日
発生場所●北海道標津町
犠牲者数●死者1名
熊種●ヒグマ

サケを捕食する熊に気づかずに近寄り……

2008年の初秋のこと。そろそろ午後11時になろうかという真夜中に、2人の男性を乗せた一台の車が北海道標津町を流れる当幌川へ向かっていた。

国道脇に車を停めると、一人がそこから茂みの中へ踏み入って、川岸へ向かう。行く先にはサケの捕獲場があった。2人はサケの密猟を企んでいて、そのための下見に訪れたのだった。

男性が川へ向かってからしばらくすると、暗闇の中から悲鳴が上がり、続いて獣の唸り声が車内にまで聞こえてきた。車に残っていた男性が声のほうへ向かった。すると最初の男性が頭から血を流してうずくまっていた。

2人はなんとか車まで戻り、近くの病院へ駆け込んだ。被害男性は顔面を粉砕骨折していた。頬にはヒグマの爪によるものと思われる傷が深く刻まれ、鼻から上唇にかけては皮膚がめくり取られて頭蓋までが見えていた。顔面以外の受傷はいくらかのかすり傷や打撲だけだったが、結局被害男性は出血多量により、日付をまたいだ頃に死亡が確認された。

現場には、内臓だけを食べたらしいサケの死骸が散乱し、熊のものと思われる毛や足跡が残されていたという。

サケ密猟がしやすい時期は熊と遭遇する危険も増す時期

おそらく被害男性は、熊がサケを捕食しているところに鉢合わせして、これに驚いた熊の攻撃を受けてしまったのだろう。

当幌川は大量のサケが遡上することで知られていたが、事件の起きた場所は熊の目撃情報も多く聞かれていた。サケの遡上のピークの頃は、これを食べにやってくる熊と遭遇する危険がグンと増加するため、地元の人々はまずこの時期に川へ近寄ることがなかったという。

被害男性も地元の住人であり、そうした熊の危険性は知っていただろうが、他に人が来ないからこそ逆に密猟をやりやすいとでも考えたのだろうか。

熊も密猟者も、同様に人目を避けて夜半にやってきたところでバッティングしたとなると、なにやら自業自得と思われなくもない。

なお男性を殺して逃げた熊は1カ月ほどの探索の末に、現場から4キロほど離れた山林で見つかり、駆除されている。

ベテラン猟師の常識として、サケを捕食中のヒグマに近づくのは自殺行為に等しいとされる

取材・文■早川満

厚別町山菜採り夫妻襲撃事件

妻の眼前で熊に殴り殺されてしまった六十代の夫

発生年月日●2021年4月10日
発生場所●北海道厚岸市
犠牲者数●死者1名
熊種●ヒグマ

悲鳴を聞いて振り返ると熊に襲われた夫が……

午前11時ごろ、「夫が熊に襲われた」と110番通報があった。北海道厚岸町の山林で山菜採りをしていた女性からだった。

およそ2時間半後に厚岸署の警察官や消防隊員が駆けつけ、頭から血を流して倒れている男性を発見し、その場で死亡が確認された。

釧路市から厚岸にまで山菜を採りにきていたこの六十代の夫婦は、道路脇に車を停めて山林へ入っていった。しばらくして妻がヒグマの影を見つけ、背を向けてそっとその場を離れようとした瞬間、夫の「ギャー！」という悲鳴が聞えた。

振り返ると夫は熊に襲われていた。妻一人ではどうにもできず、車に戻って携帯電話で通報した。妻はケガひとつなく無事だったというが、目の前で夫が襲われたショックは相当なものだったろう。

自動車事故と同等の腕力で人体の内部組織まで破壊する熊

地元の猟友会員4人をはじめ警察、消防、町職員らが現場へ向かい、遺体を回収。検死によると頭や首の挫滅創が死因ということだった。挫滅創とは自動車事故のような強い外部からの衝撃を受けて、皮膚や体内の組織が損傷した状態をいう。

テレビなどでは「熊に襲われながらも死闘の末に生還した人」が紹介されることがしばしばあるが、それはあくまでも奇跡的なこと。自動車事故ほどの破壊力を持つ熊と正面から組み合えば、万に一つの勝ち目もない。

事件の起きた現場は、地元住民たちが「熊の通り道」と呼ぶほど、熊の出没が多いところだったという。町でも以前からホームページなどで注意喚起をしており、身の安全を図るためにはそうした情報を欠かさずチェックしておかなければなるまい。

被害男性の遺体の周囲に熊の姿は見つからなかったが、その後、事件現場から30メートルほど離れた場所で、熊が冬眠していたらしき穴と子熊の死骸が発見された。子熊は偶発的な事故で死んだようだったが、その状況からは「母熊が、動かなくなった子熊を心配し、守ろうとしていたところにたまたま被害者がやってきて、これを排除しようと襲いかかった」といったシチュエーションが考えられる。

結局、男性を襲った熊は見つからなかったが、母熊が子熊を守るための攻撃であったとすれば、継続して人を襲い続ける危険性は低いと思われる。

ヒグマが冬眠中に出産するのは、無防備になる出産を外敵に妨げられることなく、最も脆弱な時期の赤ん坊を巣穴の中で守るためという

取材・文■早川満

平安時代から江戸時代の熊事件

徳川綱吉の「生類憐みの令」が原因で熊被害が拡大

発生年月日●17世紀末～18世紀初頭の元禄期
発生場所●青森市など
犠牲者数●詳細不明
熊種●ツキノワグマ

ツキノワグマそっくりの怪力・巨体の妖怪「鬼熊」

平安後期の宮中に大熊13頭が侵入

日本の熊害の記録は古いものだと平安時代後期。延長7年（929年）4月25日、宮中に熊の足跡が発見され、大熊13頭が侵入するのを護衛の兵士たちが目撃。その他にも怪異が多発したとして、当時の時事をまとめたとされる『扶桑略記』に記されている。

室町時代の『勝山記』では、永正15年（1518年）6月1日、「嵐とともに巨大熊が噴火口から現れて、修験者3人を喰い殺した」との記述もある。また同時に、これが熊ではなく、鬼神の類いと見る者もいたとも記されている。

古来、日本では巨大熊の伝説が各地に残っているものの、それらは怪異妖怪（あるいは神）との区別がつかないような表現をされることが多い。

江戸時代の書物『絵本百物語』には、ツキノワグマそっくりの「鬼熊」なる妖怪が挿絵に描かれ、「木曽の歳をとった熊が二足歩行の鬼熊となり、馬を軽々と担ぐ怪力と巨体を誇る」などと紹介されている。鬼熊の放り投げた鬼熊石なる大きな岩は、10人がかりでも動かせなかったという。

夜になると里に下りてきて牛馬を喰らい、力の強さは人の何倍もあるという鬼熊の特徴は、野生の熊に近似している。

熊やオオカミの駆除を禁止した「生類憐みの令」

明治に入って食肉文化が一般的になるまでは、仏教の影響から四つ足の動物を食することは禁忌とされていた。そのため熊肉をはじめとしたジビエ料理を食していたのは山奥に暮らす猟師やごく一部の好事家ばかり。それもあって町に暮らす一般庶民からすると、熊などの野生動物はあまりなじみのない存在だったようだ。

青森県の歴史をまとめた『新青森市史』の第5巻第2章「山野と動物」には、江戸時代の元禄期（1688～1704年）に熊害が頻発したとの記録がある。この地域の村々では熊やオオカミによる被害を「熊狼荒」と称し、これが当時に多発していたという。

だが、この頃は5代将軍の徳川綱吉が「生類憐みの令」を発布していたため、農民たちが自主的に害獣を駆除することはできなかった。そのため被害が起きても弘前藩や津軽藩などから派遣される鉄砲打ちを待たねばならず、そうしたことから熊やオオカミがどんどん増え、獣による被害が拡大していったとも伝えられる。

『絵本百物語』に描かれたツキノワグマそっくりの「鬼熊」

取材・文■早川満

第五章

世界〝衝撃〟熊事件ワースト10

熊害に苦しめられているのは日本だけではない。この章ではアメリカ、ロシア、ノルウェー、インドなど世界各地で起こった熊による残酷な事件を紹介する。世界には8種の熊が分布しているが、温厚そうに見えるジャイアントパンダも含めたすべての種が、人間を即死させるほどの殺傷能力を持つ。その圧倒的な暴力は、これからも人間の脅威であり続けるのだ。

インド・マイソールの人喰い熊事件

死者12名！　記録が残っているなかで世界最悪の熊害

ナマケモノのような長い爪で人の顔面を切り裂くナマケグマ

発生年●1957
発生場所●インド・マイソール州アシケレ
犠牲者数●死者12名、負傷者24名
熊種●ナマケグマ

小競り合いを重ねるうちに徐々に狂暴化した熊

「マイソールの人喰い熊事件」は、インド南西部マイソール州の市街近くに棲みついたナマケグマが次々と住民たちを襲い、少なくとも12名が犠牲になったという、記録に残る世界最大の熊害だ。

ナマケグマは平均して体長160センチ前後、体重は120キロ程度とヒグマよりは小柄な種で、その名前の由来となったナマケモノのような長い爪を持つ。

もともとはおとなしい性質で、熊使いに芸を仕込まれて見世物を披露したり、ペットとして飼われたりする例もある。だがマイソール事件の熊は、畑を荒らすなどを繰り返し、これを住民が追い返そうと小競り合いを重ねるうち、徐々に狂暴化していった。そして、ついに人を襲い始めるほどの状態になった。

いつもは農具で殴りつければすごすごと退散していたはずの熊が、突如一変して、その長い爪で一人の農夫の顔面を切り裂いた。頬や眼球がケバブのように削られていったという。その姿に衝撃を受けた仲間たちは、すぐさまこれを救出しようと農具を振るって撃退を試みる。

しかし熊はおかまいなしに暴れ続け、この最初の襲撃で少なくとも3人が亡くなったとされる。被害者たちはいずれも顔面を中心に襲われ、その死体が誰のものかを判別するのも困難なほどだったという。

1カ月以上にわたり住民を襲い続けた熊

恐怖に陥った住民たちは、それまで数々の害獣を駆除してきた熟練ハンターのケネス・アンダーソンに熊討伐を依頼。しかしトラブルや油断のせいで、アンダーソンは熊狩りに二度失敗。その間、1カ月以上にわたり熊は住民たちを襲い続けた。行動範囲は州内全域にわたり、犠牲者は増えていく。熊は昼夜を問わず出没するため、人々は農作業に出ることもままならなくなっていった。

その後、アンダーソンは三度目の正直でようやく愛用のウィンチェスターライフルの一撃により熊を仕留めたが、その間に36名の住民が襲われ、12人が死亡してしまう。

この「マイソールの人喰い熊事件」の詳細についてはアンダーソンの著書に頼る部分が多く、実際の事件の規模や時系列など不明な点も多い。ただ、インドのナマケグマが甚大な熊害を及ぼしてきたのは確かで、マディヤ・プラデーシュ州では1989年から1994年の6年間で607名の死傷者を出し、オリッサ州でも1990～1995年の間に66名がナマケグマに殺されたとする報告がある。

人喰いナマケグマを仕留めたアンダーソンはインド生まれの英国人で作家でもあった

インドでは1989~1995年だけで熊に襲われ600人以上の死傷者が！

取材・文■早川満

カナダ・ラブラドール事件

1000頭のホッキョクグマによる襲撃で集落が壊滅

発生年月日●1886年7月
発生場所●カナダ・ラブラドール地方
犠牲者数●数百人（詳細な記録なし）
熊種●ホッキョクグマ

飢えた熊が一斉に南下して集落を襲い人間を餌に

飢饉に苦しむカナダの集落を48時間も蹂躙し続けた熊の群れ

1886年7月、「ラブラドール地方で1000頭にも及ぼうかというホッキョクグマの大群が集落を襲い、数百人が喰い殺された」とする情報がアメリカの地方新聞社に持ち込まれた。当時、ラブラドール地方は深刻な飢饉に見舞われており、餓死する住民も多発していたところへ、人間と同様に餌不足で飢餓状態になった熊が大量に南下してきたというのだ。

現在はカナダの州となったラブラドール地方は、カナダの北東に位置するニューファンドランド島にあり、当時はカナダへの編入を拒み施政管理の行き届かない状態にあった。

2019年にはロシアの村でも熊の集団に襲われる事件が発生

ホッキョクグマ襲撃事件の一報をきっかけに報道は過熱。別の地方新聞社は「約28の家族が暮らすイヌイット（北アメリカの先住民、エスキモーと同義）の集落が、熊の襲撃により壊滅した」と伝えた。集落の住民は飢えにより、熊を撃退するための槍を振るう力もなく、なすすべなく殺戮されていった。近くの岩によじ登ってかろうじて熊の襲撃を逃れた4人の若者たちは、熊が48時間にわたって集落を蹂躙し、一人残さず喰い殺す様子を見守るしかなかった。

その若者たちも3名が凍死。唯一生き残った一人は、熊が去ったのちに集落から脱出し、惨劇の顛末を新聞社に語った。他にも「一つの島が30頭のホッキョクグマの襲撃を受けて壊滅した」という報道もあった。

餓死者と熊害被害者の合計は3500人に

これらの事件は「ラブラドール事件」と総称され、同地方の餓死者と熊害被害者の合計は3500人にも及んだとされた。

だがその後、『ニューヨーク・タイムズ』紙が「飢餓自体が事実に反する」と報じ、さらに現地の新聞社も「ホッキョクグマの襲来も餓死もデマ」と伝えた。

また、単独行動の多い熊が、1000頭もの大群をなすことはあり得ないとする説もあり、事件の真相は不明のままとなった。そして、事件発生が1世紀以上も前のことで、一次情報は「地方紙による報道」がわずかに残るだけという。

さらに、この事件に関する情報が日本でしか見られないことから「この事件に関する当時の報道からして、まったく存在していない」とする見方もある。

とはいえ2019年には、50頭ほどのホッキョクグマがロシア北東部の集落を襲撃して、居座り続けたという事件が発生しており、ラブラドール事件についても「絶対にあり得ない」とまでは言い切れないのだ。

現在の状況は事件当時より深刻で、温暖化の影響でホッキョクグマの南下は顕著となり、カナダやロシアでは人的被害が急増

取材・文■早川満

カナダ・母子ハイイログマ襲撃事件

アウトドア生活を満喫する一家を襲った空腹のハイイログマ

狩りから戻った父親の眼前に熊に殺害された母子の姿が……

異常気象による餌不足が熊の狂暴化を誘発

発生年月日●2018年11月26日
発生場所●カナダ・ユーコン準州
犠牲者数●死者2名
熊種●ハイイログマ

熊害への警戒をしっかりと準備したうえで起こった悲劇

2018年11月、アラスカに接するカナダのユーコン準州にある山小屋のそばで、37歳の母親と10カ月の幼児が遺体で見つかった。父親は、狩猟から帰る途中で前方から駆けてくるハイイログマを射殺。その後、山小屋近くの湖のほとりで倒れている妻子を発見した。

父親は緊急事態時用の発信機を使ってすぐに助けを求めたが、時すでに遅し。王立カナダ騎馬警察（カナダの国家・連邦警察）が、近隣の町からおよそ400キロも離れたこの山小屋へ到着する前に、母子ともども帰らぬ人となってしまった。

検死によると、殺害された母子は、散歩に出かけていたところを熊に襲われたとみられる。

事件に遭った夫婦は、アウトドア好きが高じて3年ほど前、狩猟目的で滞在するために湖近くの山小屋を購入。休暇を利用して、たびたび自然の中での生活を楽しんでいた。

母親は教師だったことからまとまった休みがなかなか取れずにいたが、この時は産休期間を利用して、およそ3カ月前からこの山小屋に滞在していた。夫婦ともにアウトドア生活の経験は豊富で、熊に関する知識も十分に備わっていたとみられる。しっかりと準備をし、熊害への警戒もしていたなかでの悲劇となった。

カナダでは2023年にもカップルが熊害で死亡

事件が起こった年のカナダ北東部は、初夏の時期にたびたび季節外れの寒波に襲われ、霜害のために多くの農作物が不作だった。森林においても同様で、熊が好んで食べるドングリやクルミなどが不作だったという。そのせいで冬眠前に腹を空かせたハイイログマが山から出てきたところに、たまたま母子が遭遇してしまった。

この地ではハイイログマの他にアメリカクロクマなども生息しており、事件については警察とユーコン準州環境局が、現在も引き続き調査を行っているという。

カナダでは2023年10月にも、バンフ国立公園でキャンプを楽しんでいたカップルが、ハイイログマに襲われて亡くなっている。

アメリカの開拓時代以降、ハイイログマの生息数は激減し続け、現在、アメリカではほぼ絶命という危機にある

取材・文■早川満

ペトロパブロフスク羆事件

生きたまま熊に喰われている娘が、母親に電話で救いを求める

発生年月日●2011年8月13日
発生場所●ロシア・カムチャツカ半島
犠牲者数●死者2名
熊種●ヒグマ

遺体を喰らう熊の歯の間に挟まっていた父親の帽子

ヒグマの一撃が頭部を直撃して父親は即死

2011年8月、カムチャツカ半島のペトロパブロフスク。45歳の父・イゴールと19歳の娘・オルガは、山中を流れる自然豊かなパラトゥンカ川へ散策に出かけた。車を川のほとりに停めて、2人で森の小道を歩いていると、高さ2メートルにもなりそうな草むらから、熊が突然飛び出してきた。出会い頭に熊が腕を振るうと、これに頭部を直撃されたイゴールは悲鳴も上げる間もなく即死してしまった。

オルガは懸命に逃げたが、熊は100メートルも行かないうちに追いついて、オルガの足を掴み上げた。悲鳴を上げて助けを求めたが周囲に人はいなかった。

熊に倒され、食いつかれたオルガは携帯電話を取り出して、藁をもすがる思いで母親に電話した。

「お母さん、熊が私を食べている！痛い、助けて！」

母は最初、冗談だと思っていた。つい先ほどまで家にいたオルガから「熊に食べらている」と言われても信じるほうが難しい。しかし娘の悲痛な叫びが止むことはなく、受話器からは獣のうなり声のようなものが聞こえてくる。

そこでようやく、本当に熊に食われているのだとわかった。オルガは母親に「子熊も3頭いて、親を真似るようして咬みついてきた」と伝えた。

しかし電話越しでできることなどかぎられている。それからおよそ1時間、母親はオルガを励まし、脱出のために思いつくかぎりのアドバイスを続けた。しかし、母親の懸命の行為も徒労に終わってしまう。オルガは「もはや痛みを感じなくなった」と言い、「お母さん、いろいろとごめんね。許してね。大好き」とつぶやいたのを最後に、その声は聞こえなくなった。

人肉の味を覚えた熊は墓地の腐肉も喰らうように

この件について報告を受けたロシアの野生生物保護庁がハンターを急行させると、親子熊たちはイゴールの遺体に喰らいつき、捕食している最中だった。親熊の歯にはイゴールの帽子が挟まっていた。

ハンターたちは、逃げる親子の熊を翌日までかけてすべて射殺した。子熊だからと情けをかければ、いったん人肉の味を覚えた子熊が成長した時に、必ずまた人を喰らおうとする。

この事件が起きたペトロパブロフスク近郊では、人間が熊に襲われる事件が数年前から多発。2008年には人が土葬されている墓地を荒らして、腐肉を熊が喰らう姿が目撃されたとの報告もあった。

「お母さん、熊が私を食べている！　痛い、助けて！」

カムチャツカ半島で捕獲されたヒグマ。同地はロシアで最もヒグマの生息密度が高い

取材・文■早川満

ティモシー・トレッドウェル殺害事件

著名な熊愛好家の〝米版ムツゴロウさん〟が恋人もろとも熊の餌に

熊への恐怖感情が欠如した熊を愛する環境活動家

発生年月日●2003年10月5日
発生場所●米アラスカ州カトマイ国立公園
犠牲者数●死者2名
熊種●ハイイログマ

専門的な勉強を積まずに進めたハイイログマ研究

ニューヨーク生まれのティモシー・トレッドウェルは大学時代、アルコールや薬物の依存症となる。しかし、友人の勧めでアラスカへ渡ると、大自然のなかで子供の頃から好きだった動物たちと接するうちに依存症を克服していったという。

それから熱心に取り組んだのがハイイログマの研究だった。とはいえ専門的な勉強を積んだわけでもないトレッドウェルの熊への接し方は非常に危ういものだった。一時期共同で仕事をしていたロシアの研究者は、トレッドウェルが基本的な安全対策すら行っていないことを批判していた。トレッドウェルはまるで熊を恐れないかのように接近し、時には熊の体に直接触れたり、子熊と遊んだりすることもあったという。

トレッドウェルは、2001年頃からテレビへの出演機会を得て、そのたびに動物保護を訴えた。そのことにより、日本でいうところの畑正憲（ムツゴロウさん）のような動物愛好家、環境運動家として、北米でその名を知られるようになっていった。

被害者を主役にした映画『グリズリーマン』が公開

キャンプ地近くで見つかったバラバラになった遺体

アラスカに渡ってから13年目になる2003年10月、トレッドウェルは恋人とともにカトマイ国立公園を訪れて、秋になると熊がサケを食べるために現れる小川の近くでキャンプを張った。だがこの年はサケの遡上が例年ほどではなかったせいで熊の出現が少なく、予定を1週間ほど延長。その後、衛星電話を使って帰宅のために迎えの小型飛行機をチャーターした。

ところが翌日になって、迎えに来た飛行機のパイロットがキャンプ地まで赴くと、そこには1頭の熊がいるだけだった。報告を受けた公園管理者が捜索すると、トレッドウェルの頭や腕、背骨の一部などがキャンプ地から少し離れたところで見つかった。トレッドウェルの恋人は、引き裂かれて潰れたテントの横で、一部が土に埋められた状態で発見された。キャンプ地にいた熊は警備員によって射殺された。

現場の状況から、トレッドウェルたちが熊に喰われたことは明らかだった。

サケの不漁による餌不足が熊襲撃の原因の一つだったと考えられるが、それまでのトレッドウェルの不用意な熊との接し方から「彼の死は悲劇だが、容易に想像できたことだ」との声も聞かれた。

その死から2年後の2005年には、トレッドウェルが生前から制作に関わり、自身の半生を描いたドキュメント映画『グリズリーマン』が公開されている。

46歳でヒグマに殺害されたティモシー・トレッドウェル

取材・文■早川満

星野道夫ヒグマ襲撃事件

『どうぶつ奇想天外』の企画ロケで熊に殺害されたカメラマン

テント生活を続けたために森に引きずり込まれた犠牲者

発生年月日●1996年8月8日
発生場所●ロシア・カムチャツカ半島
犠牲者数●死者1名
熊種●ヒグマ

熊撮影のために一人だけ屋外のテントで寝泊まり

1996年7月25日、TBSのテレビ番組『どうぶつ奇想天外』の撮影のため、動物カメラマンの星野道夫とTBSスタッフらはロシアのカムチャツカ半島へ渡った。

撮影予定地に入ったのは同月27日のこと。撮影隊が基地とする2階建てのロッジから離れたところに星野と、撮影隊とは別に訪れたアメリカ人写真家がそれぞれテントを張って、そこで野生のヒグマの撮影にあたることになった。

その夜、いきなり熊が現れる。最初に気づいたのはアメリカ人写真家で、熊は食糧庫の屋根の上でひとしきり暴れたあとに、星野のテントへ近づいていった。写真家からの知らせで小屋からガイドがやってきて熊除けスプレーを噴射すると、熊は退散していった。

撮影隊は星野に対し、安全のため小屋で寝泊まりするよう勧めたが、星野は「この時期はサケが川を上ってエサが豊富だから熊は人を襲わない」と言ってテント生活を続けた。一方、写真家は危機を感じて近くの塔の上に移っていった。

8月6日にも熊は星野のテント近くに現れたが、星野はテント生活を続行。だが8日の午前4時頃、ついに惨劇が起こる。

暗闇の中に星野の悲鳴と熊のうなり声が響き渡り、TBSスタッフらが小屋から出て、声の方向を懐中電灯で照らすと、熊が星野を森の中へ引きずっていく姿が見えた。

無線で救助を依頼すると、ヘリコプターでやってきた捜索隊が上空から熊を発見して、そのまま射殺。星野は森の中で、遺体を食い荒らされた姿で発見されている。

地元テレビ局オーナーに餌づけされていた加害熊

後日、星野の友人らの検証により、この熊が地元テレビ局のオーナーに餌づけされていたことが判明する。そのため人間への警戒心が薄くなっていたという。熊が最初に発見された時、食糧庫の上にいたのは、そこに餌があることを知っていたため。

テレビ局オーナーが何の目的で餌づけを行っていたのか、はっきりとはわかっていないが、何かしらのテレビ的演出を目論んでいたとも考えられる。

また撮影隊の滞在中は餌づけのための餌が与えられた様子はなかったことから、熊はかなりの空腹状態だったと推察される。星野は本人の預かり知らぬところで非常に危険な状況に追い込まれていたのだ。

死の直前まで撮影していた映像を「特別番組」として放送

星野が死の直前まで撮影していた映像は後日、遺族の意向もあって特別番組としてテレビ放送されている。

旅をする木
星野道夫
MICHIO HOSHINO
誰もがそれぞれの一生の中で旅をしているのでしょう。
多くの人に"人生を変えた本"と紹介された、
永遠に読み継がれるべき1冊

星野道夫著『旅をする木』（文春文庫）

取材・文■早川満

スヴァールバル諸島ホッキョクグマ襲撃事件

腹を空かせたホッキョクグマがキャンプ隊の学生を殺害

発生年月日●2011年8月5日
発生場所●ノルウェー領スヴァールバル諸島
犠牲者数●死者1名、重軽傷者4名
熊種●ホッキョクグマ

テントで就寝中に襲われた17歳の学生はほぼ即死

脳内にまで響いてきた咬まれた頭蓋骨の割れる音

熊は観光資源として保護され人が安全対策を求められる町

北極圏にあるノルウェー領スヴァールバル諸島には、約3000頭のホッキョクグマが生息している。熊は観光資源のひとつとして手厚い保護を受けており、人間のほうが常に威嚇道具を持ち歩くなどの安全対策を求められているという。

なおホッキョクグマはヒグマと祖先を同じくするきわめて近い種で、体格に勝るホッキョクグマのほうが危険度は高いとされている。

2011年夏、イギリス人キャンプ隊の13人は探検・研究活動の一環としてスヴァールバル諸島最大の有人島であるスピッツベルゲン島を訪れた。氷河の近くにテントを張ってキャンプインしたところ、その夜、いきなりホッキョクグマの襲撃を受けてしまう。

テントを破って現れた熊は体長2メートル超、体重250キロ超で、この種としては中型の個体だったが、就寝中を襲われた17歳の学生はなすすべもなくほぼ即死。隣で寝ていた18歳の学生も、頭を熊にかぶりつかれたが、必死に殴りつけるなど抵抗して、なんとか一命を取りとめた。

目が覚めて上を向くと熊の巨大な口が眼前に

頭に熊の牙の跡を残したこの学生は、帰国後に新聞社の取材を受けて次のように答えている。

「目が覚めて、寝たままの状態から上を向くと巨大な口が見えた。熊の鼻のあたりは血で濡れていて、自分も死ぬかもしれないと覚悟した」

熊の前脚で殴られ、まず肘のあたりを咬まれ、その後に頭を咬まれた時には「自分の頭蓋骨が割れる音を聞いた」という。

熊のうなり声は脳内にまで響きわたったが、とにかく熊の頭を殴って、その牙を引き剥がそうとした。

結局この熊は1人を殺し、4人に重軽傷を負わせたあとに、29歳のキャンプ隊のリーダーが、頭と顔にひどいケガを負いながら、なんとか射殺した。

のちの調査でこの熊は飢えによって狂暴化していた可能性のあることがわかっている。イギリス人グループが拠点としたキャンプ地は、季節的に熊の出現しない地域とされていたが、熊が餌を求めて迷い込んだことで不運にもこれに遭遇してしまったのだ。

スヴァールバル諸島に生息するホッキョクグマ。同地には、地球上で一般人が暮らす最北の定住地「ニーオーレスン」がある

取材・文■早川満

ロシア鉱山ヒグマ襲撃事件

飢えた30頭のヒグマが鉱山を取り囲み、労働者たちを襲う惨劇

限界を超えてしまった飢餓感が人間の村を襲うという行動を誘発

発生年月日●2008年7月17日
発生場所●ロシア・カムチャツカ半島
犠牲者数●死者2名
熊種●カムチャツカヒグマ（ベーリングヒグマ）

原因は人間によるサケの密猟

ロシア極東のカムチャツカ半島のプラチナ鉱山で起きた、ヒグマによる襲撃事件。腹を空かせた30頭ほどのカムチャツカヒグマ（ベーリングヒグマ）が、食料を求めて人里に降りてきてゴミを漁るなどしたのち、鉱山近くの2つの村を取り囲み、鉱山で働く人々を襲った。犠牲者は鉱山警備員の2名だけだったが、熊たちは自分たちの餌場であるサケの捕獲場を奪われないために、村を攻撃したと見られている。

事件の背景には、カムチャツカ半島のヒグマの主な食料であるサケが、密猟により大幅に減少していたことがあった。カムチャツカ半島は、世界のサケの4分の1が集まるほどの豊富な水産資源を擁しているが、密猟によりその数は、年々減少傾向にある。

しかし、これといった産業のないカムチャツカ半島の住民にとって、サケの密猟は大きな収入源となっていることも事実だ。合法的な漁獲が認められている人たちでも家計の30%が密猟によるもの。サケ漁が許されていない川の周辺の村落では、密猟収入が家計の90～100%に及ぶところもあるという。

サケの捕獲期、熊は常にサケの捕獲場の警備をする習性がある。この時期の高まった警戒心と、サケが食べられずに限界を超えてしまった飢餓感が、人間の村を襲うという行動に走らせたとされる。

ちなみに、ロシアのベニザケのほとんどは日本に輸出されており、日本がロシア産の密猟サケの最大の市場になっている。

1万2000頭のヒグマが生息するカムチャツカ半島

カムチャツカヒグマは、北米に生息するハイイログマや北海道に生息するエゾヒグマの仲間。後ろ足で立つと体長は3メートルほど。体重は700キロにもなり、ヒグマのなかでも最大級の部類となる。カムチャツカ半島はロシアで最も熊が多く生息する地域で、その生息数は1万2000頭にも及び、ユーラシアでも最大とされる。

「一度でも人間を襲った熊は、何度も何度も人間を狙うようになる」とは、長く熊と共存してきた鉱山近くの村の長老の言葉。それを知った400人の鉱山労働者たちは、熊を恐れて鉱山に戻ることを拒否したという。

人間の〝味〟を覚えた熊に震える労働者たちは鉱山に戻ることを拒否

サケへの食糧依存度の高いカムチャツカヒグマは、近年のサケの減少とともにその生息数を減らしている

取材・文■須賀小夜子

ニュージャージーハイカー襲撃事件

「くまのプーさん」「テディベア」のモデル熊が若者を殺害

発生年月日●２０１４年９月21日
発生場所●米ニュージャージー州アプシャワ保護区
犠牲者数●死者１名
熊種●アメリカクロクマ

「くまのプーさん」が人喰い熊に変貌！

人喰い熊として恐れられた過去

北アメリカの森林地帯に多く生息するアメリカクロクマ（以下、クロクマ）。「くまのプーさん」や「テディベア」のモデルとして親しまれているこの熊も、人喰い熊として恐れられた過去がある。

２０１４年、アメリカのラトガース大学に通っていた大学生ダーシュ・パテルさんは、４人の友人たちとともにニュージャージー州にある「アプシャワ保護区」を訪れていた。そこでハイキングを楽しんでいると、メンバーのひとりが約30メートル先にいるクロクマを発見。

犠牲者が撮った加害熊の写真が「死の数秒前の記録」として話題に

もともと動植物に関心があった彼らは足を止め、スマートフォンのカメラでクロクマの様子を写真に収めることに成功する。その後、大きな音を立てたり、石を投げたりして追い払おうと試みたが、クロクマは逃げるどころかパテルさんたちに接近してきたという。そして、約４メートルの位置にまでクロクマが迫った瞬間、彼らは恐怖のあまりその場から逃走。散り散りになって走り出したが、パテルさんは木に足を引っかけて転倒してしまう。それでも彼は心配する友人に向かって「振り返るな！　かまわず逃げろ！」と叫び、岩場を登っていったという。それが、パテルさんの最期の言葉となった。

谷底で発見された見るも無惨な遺体

パテルさんの懸命な呼びかけのおかげで、４人の友人たちは無傷で生還。すぐに警察に通報して助けを求めたが、発見されたのは谷底に落ちた男性の遺体と、その近くにとどまっている熊の姿だった。

熊は警察官の手によってその場で射殺されたが、男性の遺体は損傷が激しく、顔もわからない状態。しかし、射殺されたクロクマの腹の中から人間の体の一部やパテルさんの衣類の破片が発見されたことから、身元が特定された。

カナダ王立陸軍獣医隊のハリー・コルバーン中尉が飼っていたアメリカクロクマの小熊「ウィニー」がくまのプーさんのモデルとなった

クロクマは、１３６キロで４歳の雄だった。また、生々しい咬み跡が残るパテルさんのスマートフォンには５枚のクロクマの写真が記録されており、彼を殺害した熊と射殺された熊は同じ個体であることが判明。パテルさんが遺した写真はアメリカで「死の数秒前の記録」として話題を集めたという。

本来、クロクマは肉よりも植物を好み、臆病な性格で人を恐れると考えられている。しかし、驚いた時や子熊が危険にさらされた場合、人間に牙を剥くこともある。穏やかな性格だとしても熊は熊。油断は禁物だ。

取材・文■谷口京子

世界の「人喰い熊」事件・10

ポーターフィールド家獣害事件

幼い3兄妹が肉を引き裂かれ、骨は砕かれた状態の遺体に

発生年月日●1901年5月19日
発生場所●米ウエストバージニア州
犠牲者数●死者3名
熊種●アメリカクロクマ

3兄妹の遺体すべてを徹底的に食い荒らしていたクロクマ

幼い弟と妹を守るために7歳の長男が熊に抵抗するも……

3歳、5歳、7歳の兄妹が家を出たきり行方不明に

1901年5月19日、穏やかな日曜日の正午過ぎ、ポーターフィールド家の長男・ヘンリー（7歳）、次男・ウィリー（5歳）、末娘・メアリー（3歳）の3兄妹はウエストバージニア州の自宅から出かけた。近所の空き地で花集めを楽しんでいるはずの子供たちだったが、家を出たきり、そのまま夜になっても戻らなかった。

3兄妹失踪の知らせは瞬く間に街に広がり、急遽ボランティアの大規模な捜索隊が結成される。自宅付近には深い森があり、花集めに夢中になった3人が森で遭難した可能性が十分に考えられた。捜索は昼夜問わず行われたが、翌日の夜になっても3人の痕跡はまったく見つからなかった。

そんななか、失踪の噂を聞いたメリーランド州の猟師ジョン・ウェルドンが捜索に協力することを申し出る。ウェルドンは山中のやぶや下草が最も密集している場所を徹底的に調べることを提案。山を熟知しているウェルドンが捜索に参加すると、ほどなくして山の中腹で小さな帽子を一つ発見した。さらに人間が引きずられたような痕跡も周囲の地面に残っていた。間違いなく、熊の仕業だった。

引き裂かれてズタズタにされた子供たちの遺体

3兄妹の失踪から3日後の5月22日、捜索隊は密集したやぶの中で、引き裂かれてズタズタにされた子供たちの遺体を発見した。3歳、5歳、7歳の幼い子供の遺体は筆舌に尽くしがたい無残な姿になっていた。遺体の肉は歯と爪で剥ぎ取られ、あらゆる骨は砕かれてボロボロになっていた。熊は3兄妹の遺体すべてを徹底的に食い荒らしていた。

3兄妹の長男である7歳のヘンリーが、幼い弟と妹を守るために熊を相手に抵抗を試みた痕跡も残っていた。正確な経緯はわからないものの、子供たちは遊んでいるうちに森の中へ迷い込み、自宅から5キロほど離れたところで熊に遭遇したとみられている。

3兄妹の遺体発見から数分後、猟師のウェルドンは遺体のすぐ近くのやぶに潜んでいたクロクマを即座に射殺。3兄妹を食い荒らしたクロクマは、この地域でこれまで目撃されたなかで、最も大型の個体だったと発表された。

誰もが目を覆いたくなるほどの状態で発見された3兄妹の遺体は、事件現場で丁寧に袋に詰められ、数日ぶりに自宅へと戻った。その時、凶悪な熊によって子供を全員失った両親は、悲しみで気も狂わんばかりの様子だったという。

アメリカクロクマは北米にしか生息しないが、最も個体数の多い熊で、雌は1年おきに妊娠できるほどの繁殖力を持つ

取材・文■片岡あけの

[カバー・表紙デザイン] 杉本欣右
[カバー写真] PIXTA
[本文デザイン&DTP] 武中祐紀
[編　　集] 片山恵悟（スノーセブン）
[写　　真] 共同通信社／AP／アフロ／アフロ、Rodrigo Reyes Marin／
アフロ、Abaca／アフロ、ロイター／アフロ、Insidefoto／
アフロ、UPI／Russian Look／Ukrainian Presidential Press Office／
Wikipedia：The Free Encyclopedia
[画像生成] Midjourney

アーバン熊の脅威

2024年2月9日　第1刷発行

編　者　別冊宝島編集部
発行人　関川 誠
発行所　株式会社 宝島社
〒102-8388　東京都千代田区一番町25番地
（営業）03-3234-4621
（編集）03-3239-0927
https://tkj.jp
印刷・製本　中央精版印刷株式会社

Printed in Japan
ISBN 978-4-299-05197-4